초급간부를 위한

독도법 및 군대부호

정재극, 송형래 공저

도서출판 진영사

초급간부를 위한 독도법 및 군대부호

정재극, 송형래 공저

초판인쇄: 2009년 10월 01일
4쇄 발행: 2017년 01월 20일
5쇄 발행: 2023년 01월 04일
개정판 발행: 2024년 2월 27일

발행인: 박 진 영
발행처: 도서출판 진영사
인천광역시 부평구 주부토로236번지 인천테크노밸리 U1 지식산업센터 B동 1507호
전화: 032)505-4207
팩스: 032)505-4206
E-mail: 0183734207@hanmail.net
신고번호: 제2007-000001호(2007.01.19)

정가 13,500원
ISBN 978-89-6541-646-3 93390

머 리 말

급변하는 국제 정세와 아울러 한반도에 지속되고 있는 남·북한 대치국면의 현 상황에서 군사 분야는 더욱 더 민감하게 국가 간의 긴밀한 공조체계는 물론 협력체제의 중요성이 날로 증대되며, 아직도 이 지구상에는 곳곳에서 전쟁이 진행되고 있는 이 때, 미래 군의 중추적 역할을 담당하게 될 초급 간부로서 중책을 수행할 장교/부사관은 어떠한 상황에서도 역경을 극복하고 전문성을 겸비한 지휘자로서의 능력을 발휘해야 하는 투철한 책임감과 사명의식을 견지해야만 하는 것이다.

본 책의 구성은 2부로 구분하여 제 1부는 독도법에 대한 내용으로 각종 지도와 좌표체계에 대한 내용을 포함하고 있으며, 제 2부는 지도와 투명도에 사용되는 군대부호에 관한 일반적인 내용을 포함하였고, 부록으로 투명도 작성관련 사항과 북한군 지도 판독법에 대한 내용을 수록하여 군 간부로서의 작전수행을 위한 기초적인 독도(讀圖) 능력향상을 위해 책자를 발간하게 되었습니다.

출간의 시점에서 다수의 부족한 부분이 있음을 통감하나 일부 대학의 전문사관과나 부사관 과에 현재 진행되는 편성 교과목상 독도법 책자가 부재한 상태에서 군사지도를 통한 독도법 숙달을 위한 기초적인 소양을 위한 자료로써 활용되어 군 간부로서 임관의 꿈을 펼치기 위한 학생들에게 다소의 도움이라도 되었으면 하는 작은 바램을 가져봅니다.

끝으로 본서의 출간을 위해 도움을 준 부사관과 학생과 아낌없는 성원을 보내주신 교직원분들 및 출판사 임직원분들께 진심으로 감사드립니다.

편집자 일동

목 차

제1부 독 도 법

제2부 군대부호

제1부

독 도 법

제1장 총론

제2장 난외주기 /기호

제3장 고도/기복

제4장 좌 표

제5장 축척/거리

제6장 방 향

제7장 범세계 위치식별 체계(GPS)

제8장 사경도

제1장 총 론

제1절 개 요

1. 목 적

이 책은 군사지도, 항공사진, 방향유지 및 위치확인 기구, 군대부호와 관련된 여러 자료를 사용하게 될 모든 인원에게 필요한 사항을 제공한다.

2. 범 위

가. 이 책은 2부로 나누어 제 1부는 독도법에 관한 내용으로 각종 지도와 좌표체계 등에 대한 사항을 포함하였으며, 제 2부는 지도와 투명도에 사용되는 군대부호에 관한 일반적인 사항을 포함하였다.

3. 적 용

가. 이 책은 부사관으로 임관하여 분대장 임무수행과 장교로 임관하여 소대장으로 임무를 수행할 인원에게 적용될 수 있도록 작성하였다.

나. 이 책에 기술되어 있는 각종 "예"는 이해가 쉽게 되도록 하기위해 제시하였다.

제2절 지도소개

1. 지도 및 독도법

가. 지 도

1) 지도는 지구표면의 일부 또는 전부를 일정한 축척에 의해 여러 가지 기호, 선, 색체, 형태 등으로 평면상에 나타낸 그림이라 할 수 있다.
2) 지도는 지상의 지형지물과 도로 등의 존재와 위치 및 그들 간의 관계에 대한 광범위한 지리적인 지식을 제공하고 환경에 대한 이미지를 전달하는 의사소통수단으로 사용하는 것이다.

나. 독도법(Map Reading)

독도법이란 지도에 표시되어 있는 내용을 판독하는 방법이라 할 수 있다. 즉 그 지역의 자연현상, 어떤 지점의 위치 등을 나타내기 위하여 지도상에 표시되어 있는 세부사항을 해석하고 연구하는 것이다.

다. 군사지도의 활용

1) 군사지도는 임의 지점이나 물체 및 부대의 위치식별, 군사 작전계획 수립/실시, 사격 및 화력유도, 개인 및 부대 이동 간 방향유지, 기타 모든 부대활동 시 활용한다.
2) 군사작전/부대활동을 쉽게 수행하기 위해서는 지도에 표시되어 있는 내용을 해독할 수 있어야 한다.
3) 작전을 수행하는 제대별 임무와 목적에 합당한 최신 지형정보를 제공하기 위해 지상전술 C4I, 전투실험, 유도무기체계 등에 활용한다.
4) 접근이 곤란하거나 불가능한 지역/작전지역에 관한 전장 지형정보를 제공함으로써 신속 정확한 임무수행을 가능하게 한다.
5) 지형과 관련한 다양한 분석 자료를 필요부대 및 인원에게 제공한다.

라. 군사지도 표기의 한계

1) 현재 제작되어 사용 중인 군사지도는 지상에 위치한 각종 지형지물에 대하여 상세하게 표시되어 필요한 지형정보는 획득이 쉬우나, 지하에 위치한 자연동굴의 형태나 도심지역의 지하시설물 표기 등은 제한되어 지하철이나 터널, 일부 송유관/급수관 이외에는 표시되어 있지 않다.
2) 지하에 위치한 지형지물이나 시설물에 대해서는 차후 현지정찰 및 조사과정을 거쳐 별도의 "지하지형 및 시설정보" 자료를 수치화 하여 컴퓨터를 이용하여 판독 및 필요한 정보를 제공할 수 있도록 제작해야 할 과제를 안고 있다.

2. 군사지도 인가 및 배포, 관리

가. 인 가

1) 군사지도 인가는 정기 및 수시인가로 구분하여 육군본부 정보작전 참모부장이 실시하며, 정기인가는 3~5년 주기로 재조정 된다.

나. 배 포

1) 군사지도는 군수계통으로 배포한다.

다. 관 리

군사지도 교체, 저장관리, 사용 중 관리, 사용 후 관리 등은 육군규정에 따른다.

라. 군사지도 이외의 수치지형정보 자료인 수치지도, 지형정보자료 수록매체는 육군 정보작전 참모부장이 별도 인가에 따라 요청부대에 직접 배포하며, 관리는 군사지도와 동일하다.

3. 군사지도 분류

가. 육 도(陸圖)

육도는 지상의 모든 지형지물을 일정한 축척으로 그린 지도이다.

1) 축척에 의한 분류

구분	비율	종류
소축척 지도	1/50(1:50만)만보다 적은 축척	1/70만, 1/100만, 1/2.2천만, 1/3천만, 1/4천만 등
중축척 지도	1/50(1:50만)만~1/7.5만 사이의 축척	1/10만, 1/25만, 1/50만
대축척 지도	1/7.5만보다 큰 축척	시가도(1/7.5천만~1/2만), 1/2.5만, 1/5만 등

축척은 분수로 나타내며 지상의 수평거리에 대한 도상의 수평거리의 비율이다.

가) 소축척 지도

(1) 축척이 1/50만 보다 적은 비율로 제작된 지도로써 표준축척은 1/100만이다.

(2) 소축척 지도는 광범위한 작전지역을 대상으로 일반 계획수립 및 전략 연구용으로 주로 대부대급에서 사용된다.

나) 중 축척 지도

(1) 축척이 1/50 만 으로부터 1/7.5 만 사이의 비율로 제작된 지도로서 표준축척은 1/25 만 이다.

(2) 중 축척 지도는 통상 전략, 작전술, 전술용으로 연대급 이상 부대에서 사용한다.

다) 대 축척 지도

(1) 축척이 1/7.5 만 보다 큰 비율로 제작된 지도로써 표준축척은 1/5만이다.

(2) 대 축척 지도는 비교적 세밀한 지형정보가 표기된 지도로써 야전부대에서 전술용으로 많이 활용된다.

2) 형태에 의한 분류

가) 표준지도 : 나타낼 지형지물의 입체적인 표시 없이 수평상태로 종이에 그려진 지도로써 작전/교육훈련에 주로 활용하는 지도이다.

(1) 전술 기본지도: 축척 1/5만

(2) 전술 보조지도: 축척 1/2.5만, 축척 1/10만

(3) 시가도

(가) 도시의 주요도로 명칭, 건물 등 지도의 축척이 허용하는 한 군사적으로 중요한 요소를 표기한 지도이다.

(나) 축척의 도시의 크기와 중요성, 가용정보/세밀한 정도에 따라 1/5천에서 1/2.5만까지 여러 종류가 있는데 표준 축척은 1/1.25만이다.

(4) 합동작전 지도(지상/공중 합동작전용)

(가) 지상과 공중에서의 합동작전을 위해 제작된 지도이다.

(나) 축척은 1/25만이며, 남한 전지역을 23개 지역으로 구분해서 제작/발행되었다.

(5) 도로망도: 축척 1/70만 지도로써 지형도를 바탕으로 도로별 등급, 번호 등을 표시한 지도이다.

(6) 기타 대한전도(1/50만, 1/100만), 세계전도(1/2,200만 - 4천만)가 있다.

나) 특수지도: 특수목적에 활용할 수 있도록 제작된 지도이다.

(1) 정사 사진지도[1](正射寫眞 地圖)

(가) 주요도시를 대상으로 표준지도의 시가도보다 더 사실적으로 지형지물을 판독할 수 있도록 항공사진으로 제작된 지도이다.

(나) 축척은 시가도와 동일하난 지명, 좌표선, 중요고도, 난외주기 등 기타 제원을 포함(하고 있는 특징을 가지고 있다.

(다) 정사 사진지도 발행은 대한민국 충북 청주를 포함하여 24개 도시이다.

(2) 남한 전도

앞면에 축척 1/50만 남한 전도와 뒷면에 서울, 대전, 대구, 부산, 광주 시가도를 인쇄하여 주요 시가지와 도로의 위치를 식별할 수 있도록 제작된 지도로써 일명 지휘용 지도라고도 한다.

(3) 기복 지도

(가) 지형의 고저형태를 등고선, 단채법, 음영법 등으로 도식하여 입체적으로 나타낸 지도로써 군사작전계획, 교육, 헬기착륙 가능지역/포병진지 선정, 제대별 숙영지 가능지역, 수용 공간 판단 등을 할 수 있도록 제작된 지도이다.

(나) 축척은 1/5만, 1/10만, 1/50만, 1/100만, 1/160만이 있다.

(4) 지형 분석도

(가) 지형에 대한 군사적 정보를 작전부대에 제공할 목적으로 휴전선 부근에서 북위 40도 지역까지 지형의 경사, 장애물, 토양, 식생, 배수, 수송의 여섯 가지 요소를 포함하여 제작한 지도 또는 투명도이다.

(나) 축척은 1/5만, 1/25만이 있다.

---

1) 정사사진 지도 발행지역은 24개 도시로서 속초, 춘천, 안양, 수원, 오산, 평택, 원주, 제천, 영월, 강릉, 동해, 삼척, 태백, 충주, 청주, 공주, 예천, 익산, 김제, 안동, 김천, 구미, 포항, 경주이다.

(5) 합동작전 지도(지상/해상 합동작전용)

(가) 지상과 해상에서의 합동작전을 위한 지도로써 한반도의 육지와 바다가 만나는 지역을 67개 지역으로 구분하여 발행되었다.

(나) 축척 1/5만 지도는 육군과 해군 합동작전용 지도이다.

(다) 합동작전 지도 중 지상/공중 합동작전용은 표준지도로, 지상/해상 합동작전용은 특수지도로 분류된다.

(6) 비무장 지대 운항도

(가) 육군 항공/공군이 비무장 지대 부근을 운항 시 안전운항을 위해 제작된 지도로써 현재의 비무장 지대를 30개 지역으로 구분하여 발행 되었다.

(7) 삼각점 성과표

(가) 휴전선 남쪽지역 지형정보 제작 시 측량기준점인 삼각점의 위치와 인접 삼각점과의 관계를 정리한 표이다.

(나) 이 표는 각 삼각점의 명칭, 등급, 번호, 경도 및 위도와 좌표, 높이 등이 기록되어 있고, 포병부대의 사격제원 산출과 측량 등에 활용된다.

(8) 비닐 지도

(가) 야전에서 작전 상황판용으로 활용하기 편리하도록 종이지도에 비닐을 덮어 제작한 지도이다.

(나) 휴전선 남쪽지역은 사용보대의 보충/보급 요청에 따라 축척, 지역에 관계없이 지원이 가능하다.

(9) 단체 식 지도

(가) 표고에 따라 등고선의 색상을 다르게 하여 지형의 높이를 구분하도록 제작한 지도이다.

(나) 축척은 1/5만이다.

(10) 병참선 대장

(가) 군사작전에 필요한 도로, 철도, 교량, 수로, 장애물 등에 대한 지형 지물의 상세한 자료를 책자로 제작한 지도이다.

(나) 축척은 1/25만이다.

(11) 환경보전용 지도

(가) 1960년대 이후에 도시화 및 산업화의 영향으로 급속도로 악화 된 자연환경과 생활환경을 쾌적한 환경으로 보전하기 위해 각종 보호 지역을 표기하여 나타낸 지도이다.

(나) 대한민국 정부에서 선정한 개발제한구역, 상수원 보호구역, 공원, 유원지, 연안 오염관리구역, 자연생태계 및 수질 보전지역 등을 표기한 지도이다.

(다) 축척은 1/25만이다.

나. 항공도(航空圖)

항공기가 비행하는데 필요한 사항을 표기한 지도이다.

1) 선도도

고속, 저고도 비행 및 근거리 비행지원을 위한 지도로 축척은 1/50만이다.

2) 작전 항법도

중간고도(2천~2천5백 피트 상공) 비행지원을 위한 지도로 축척은 1/100만이다.

3) 제트 항법도

고고도(高高度) 및 비행지원을 위한 지도로 축척은 1/200만이다.

다. 해 도(海 圖)

1) 해군작전 및 해안부대 선박운용을 위해 바다의 상태를 자세히 기록하여 표기한 항해용 지도이다.

2) 이 지도상에 표기된 도식 및 내용은 국제 수로국에서 규정하며 바다의 성질, 깊이, 암초의 위치와 조류의 방향, 항로 표시, 연안의 약도 등이 상세하게 기록되어 있다.

3) 한반도 주변 바다에 대한 해도 발행은 12개 지역으로 구분 발행되며 한국 근해, 연안 1 · 2, 한국 동안 북부/중부/남부, 한국 남안 동부1 · 2, 한국 남안 서부, 한국 서안 남부/중부/북부가 있다.

제2장 난외주기 및 기호

제1절 개 요

이 장에서는 모든 축척의 군사용 지도를 해독하는 방법과 지도상의 각종 기호에 대해 이해하기 쉽도록 설명하였다.

기호는 일반적으로 동일하지만 용도와 축척상의 차이로 인하여 대/중/소 축척 지도에 따라 변경되거나 생략되기도 한다.

제2절 난외주기

1. 정 의

가. 난외주기란 지도를 판독하고 이해하는데 도움이 되는 설명서이다.

나. 일반적으로 소비자가 각종 제품을 구입하여 사용하게 되는 경우 사용설명서를 읽어보고 사용하듯이 지도를 쉽게 판독하기 위해서는 지도에 표기된 각종 기호나 그림 등의 표시들이 무엇을 뜻하는지를 설명해 놓은 난외주기를 이해하는 것이 선행되어야 한다는 것이다.

다. 지도 판독을 위한 각종 설명은 지도가 그려진 그림 외부의 상/하 여백에 표기되어 있으며, 지도의 그림 외부 면에 표시되어 있다하여 난외주기라고 한다.

2. 난외주기에 포함사항

지도 제작방법이나 용도, 축척에 따라 포함되는 내용이 상이하다. 따라서 이 책에서는 대한민국의 〈수원〉 지역에 대한 군사지도 1/5만을 기준으로 난외주기에 포함된 내용을 설명하기로 한다.

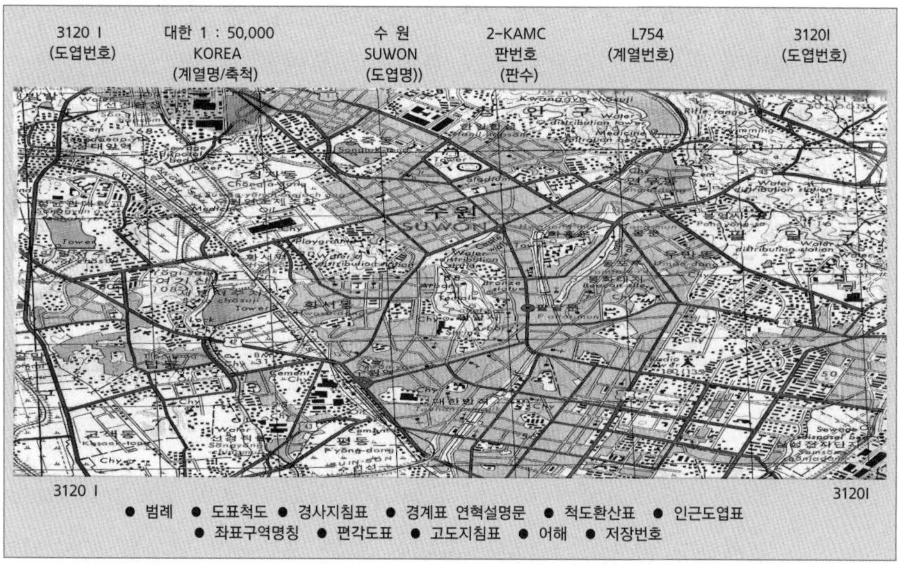

[그림 1] 군사지도의 난외주기 위치

가. 도엽명(圖葉名)

1) 도엽명은 지도의 명칭을 말하며, 지도의 상단부 여백 중앙에 한글과 영문으로 표시되어 있다.
2) 도엽명은 지도상에 나타난 지역의 지리적, 문화적으로 저명한 지형지물의 명칭을 명명하는데 통상 지도상 최대의 도시나 지명을 사용한다.

3) 지도상 상부 여백 중앙에 "수원(Su Won)"라고 표시되어 있으면 그 지도의 명칭은 〈수원〉이며 지도상 나타난 지역 중에 가장 큰 도시라는 것을 의미한다.

나. 도엽 번호

도엽번호는 지도를 사용하거나 관리하는데 편리하도록 지도마다 부여한 고유 참조번호로써 지도의 상/하 여백의 좌/우측에 표시되어 있다.

1) 1/10만 지도보다 소축척(1/25만, 1/50만, 1/100만 등) 지도 도엽번호 부여

가) 1/10만 지도보다 소축척 지도에 대한 도엽번호는 국제 세계지도에서 지리적 위치를 기준으로 지도 축척별로 부여한 고유의 도엽번호를 사용한다.

나) 예를 들어 1/50만 축척의 대한민국 전도 중 북부지방은 〈대한민국 전도1〉, 중부지방은 〈대한민국 전도2〉, 남부지방은 〈대한민국 전도3〉으로 부여된 고유번호를 사용한다.

2) 1/10만 축척이하 대축척(1/10만, 1/5만, 1/2.5만) 지도 도엽번호 부여

가) 1/10만 축척지도 도엽번호 부여

(1) 우리나라의 지리적 위치는 동경 126~132°, 북위 32~40° 사이에 위치하고 있으며, UTM 좌표법에 의한 좌표구역 명칭은 52S 지역에 해당된다.(세부내용은 4장의 "좌표"를 참조한다.)

(2) 52S 지역은 경도6°×위도8°의 넓이를 가진 지역으로 이 지역을 다시 북위 32~36°지역은 30'×30' 크기로 36~40°지역은 30'×36' 크기로 구분하여 다음 그림과 같이 도엽번호를 부여하였다.

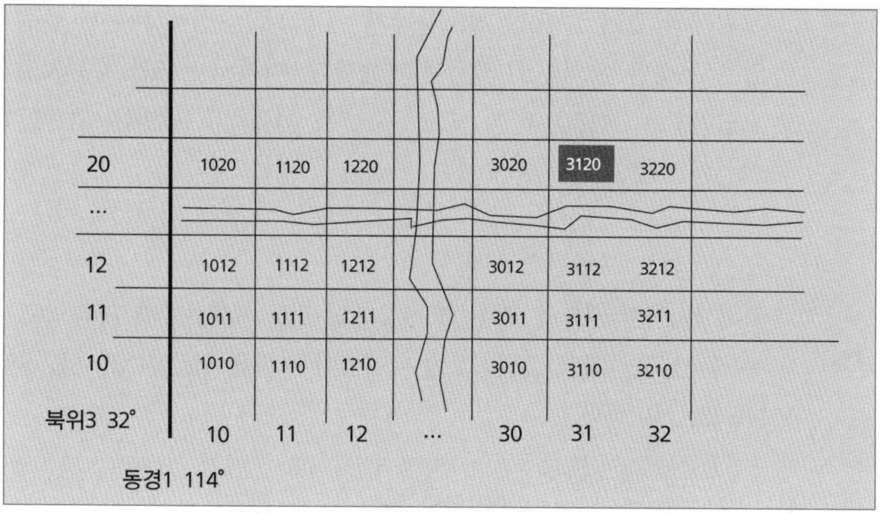

[그림 2] 1/10만 지도 도엽번호 부여방법

나) 1/5만 축척지도 도엽번호 부여

(1) 1/5만 축척지도의 도엽번호는 1/10만 지도 지역을 4개로 균등하게 나눈 후, 1/10만 지도 도엽번호에 추가하여 우측상단 지역부터 시계방향으로 로마숫자를 부여한다.

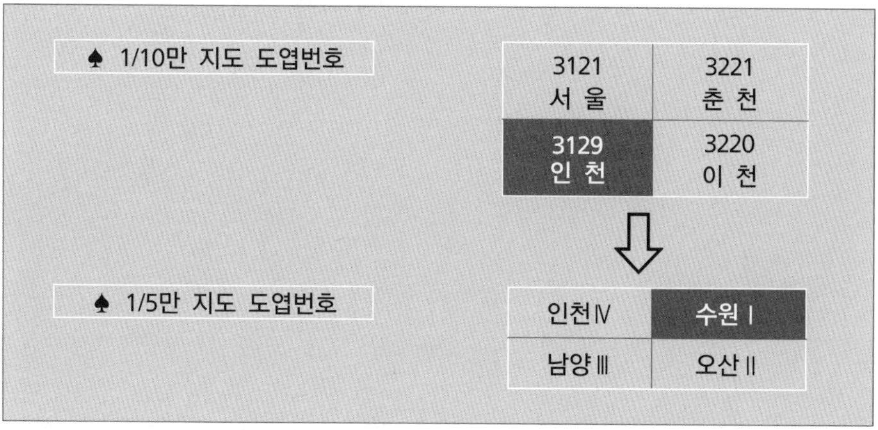

[그림 3] 1/5만 지도 도엽번호 부여방법

(2) 그림 3과 같이 1/10만 지도를 4개 지역으로 균등히 나누면 수원지역은 우상단 지역인 Ⅰ지역에 해당한다. 따라서 1/5만 수원지도의 도엽번호는 "3120 Ⅰ"이 되고 오산은 3120 Ⅱ, 남양은 3120 Ⅲ, 인천은 3120 Ⅳ가 된다.

다) 1/2.5만 지도 도엽번호 부여

(1) 축척 1/2.5만 지도의 도엽번호는 1/5만 지도 지역을 4개 지역으로 나눈 후, 1/5만 지도 도엽번호에 추가하여 방향을 영문자(NE, SE, SW, NW)로 부여한다.

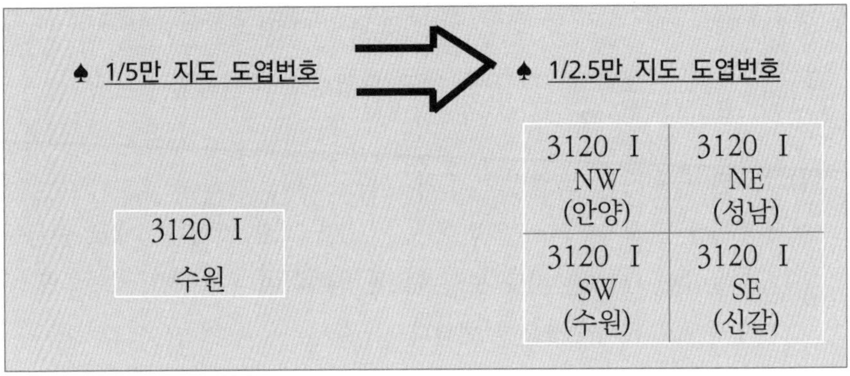

[그림 4] 1/2.5만 지도 도엽번호 부여방법

(2) 그림 4와 같이 1/5만 지도에 나타난 지역을 4개 지역으로 균등히 나눈 후, 우 상단 지역은 NE (북동), 우하단 지역은 SE(남동), 좌상단 지역은 NW(북서) 좌하단 지역은 SW(남서)를 각각 추가적으로 부여한다. 따라서 축척 1/2.5만 지도에서 수원지역의 도엽번호는 3120 Ⅰ SW로 부여되는 것이다.

라) 군사지도는 도엽번호만 확인되면 그 축척을 바로 알 수 있다.

(1) 도엽번호가 4자리 아라비아 숫자 지도(예 / 3120)는 축척이 1/10만이다.

(2) 도엽번호가 4자리 아라비아 숫자 + 로마숫자인 지도(예 / 3120 Ⅰ)는 축척이 1/5만이다.

(3) 도엽번호가 4자리 아라비아 숫자 + 로마숫자 + 영문자 방향표시인 지도는(예 / 3120 Ⅰ SW)는 축척이 1/2.5만이다.

다. 계열명

1) 지도 상단부 여백 좌측에 "대한 KOREA"라 표시되어 있는 것이 계열명이다.
2) 계열명은 특정한 지역을 표시하는 것으로써 지도가 속해있는 지역의 국가명이나 가장 현저한 지역의 명칭을 부여하여 표기한다.
3) 통상 계열명은 국가명칭을 부여하나 미국, 중국, 러시아와 같이 광범위한 국토를 보유한 국가에서는 주(州)나 성(城)의 명칭을 부여하여 표기한다.
4) 우리나라에서는 국호인 "대한 KOREA"를 계열명으로 사용한다.

라. 축척

1) 지도 상부의 좌측(계열명 우측)에 "1 : 50,000"으로 표시되어 있는 것이 축척이다.
2) 축척은 실제의 지형이 지도위에 어느 정도로 축소되어 그림으로 나타내었는가를 표시한 것으로 도상거리와 지상거리의 비례를 나타낸 것이다.
3) 지도상의 축척 1/5만이라 함은 실제지형을 1/5만으로 축소시켜 나타냈음을 의미한다.

마. 판 번호

1) 지도상부 우측에 “2-KAMC”로 표기되어 있는 것이 판 번호이다.
2) 판 번호는 “2”는 동일한 지도의 개정에 따른 지도상의 나이를 의미한다. 최초제작이후 개정판으로 추가 출판시마다 숫자를 1씩 증가시킨 번호로써 판 번호 “2”는 첫 번째로 개정된 지도임을 의미하는 것이다.
3) KAMC는 지도제작 책임기관을 명시한 것으로 Korea Army Mapping Center의 약어로써 대한민국 육군 지도 창에서 제작된 지도임을 의미한다. 미국지도의 경우 NIMA로 표시되어 있는데 이는 National Imagery and Mapping Agency 약어로써 미국영상 지도국에서 제작되었음을 의미한다.

바. 계열번호

1) 지도상부 난외 우측에 “L-754”로 표시되어 있는 것이 계열번호이다.
2) 계열번호는 전 세계지도를 포괄적으로 쉽게 관리하기 위해 하나의 영문자와 3자리 또는 4자리 아라비아 숫자의 결합으로 표시한 참조번호이다.

가) 첫 번째 영문자 “L”은 세계를 24개 지역으로 나눈 후 26개 영문자 중 숫자인 1,0과 혼동하기 쉬운 영문자 I와 O를 제외한 24개 문자를 지역별로 1개 영문자씩 부여한 결과, 동남아시아 지역에 “L”이 부여되었다. 따라서 이 지도는 동남아시아 지역의 지도임을 의미한다.

나) 두 번째에 제시된 숫자 “7”(숫자로 첫 번째)은 지도의 축척을 의미하는 것으로1/3.5만~ 1/7.5만 사이의 축척을 가지 지도는 “7”을 부여한다.

1 ⇒ 1/500만 보다 소축척	6 ⇒ 1/7만 ~ 1/15만
2 ⇒ 1/200만 ~ 1/500만	7 ⇒ 1/3.5만 ~ 1/7만
3 ⇒ 1/51만 ~ 1/200만	8 ⇒ 1/3.5만 보다 대축척
4 ⇒ 1/ 25만 ~ 1/51만	9 ⇒ 시가지 지도(축척무관)
5 ⇒ 1/15만 ~ 1/25만 5천	0 ⇒ 사진지도(축척무관)

[그림 5] 계열에 의한 축척

다) 세 번째에 제시된 숫자 “5”(숫자로 두 번째)는 그림 - 에서와 같이 동남아시아 “L” 지역을 다시 10개 지역으로 나누어 숫자 0 ~ 9까지 부여한 결과로 한반도는 “5”로 표시한 것이다.

라) 네 번째 제시된 숫자 “4”(숫자로는 세 번째)는 해당지도에 대한 제작방법의 변경을 나타내는 숫자이다. 따라서 “4”는 지도 제작방법이 4회 변경되었음을 의미하며, 10회 이상 변경 시 두 자리 숫자가 부여된다.

사. 범 례

1) 범례는 지도에 사용된 기호의 일부를 설명하고 식별하게 해주는 것으로써 지도의 하단부 난외 좌측에 표시되어 있다.

2) 지도에 사용되는 기호의 대부분은 유사한 기호를 사용하나 일부 다른 기호가 사용되기도 하므로 기호해석의 착오가 없도록 지도판독 시에는 항상 범례를 확인해야 한다.

아. 도표척도

1) 도표척도라 함은 도상거리를 지상거리로 환산하기 위해 사용하는 자(尺)로써 지도의 하단 난외 중앙에 표시되어 있다.

2) 도표척도는 거리를 환산할 수 있는 3개 이상의 각기 다른 축정단위 (미터, 법정마일, 해리 등)가 표기된 자(尺)로 제시되어 있다.

자. 연혁 설명문

1) 연혁 설명문은 지도의 하부 난외 중앙, 즉 도표척도 바로 아래에 표시되어 있다.

2) 연혁 설명문에는 등고선 간격, 좌표, 투영법, 지도 제작기관, 수직 기준면, 수평기준점, 인쇄기관 등이 표기되어 있다.

차. 좌표 참조란

1) 좌표를 구성하는 전반적인 사항을 기술해 놓은 것으로써 지도의 하단 난외 중앙부분에 표시되어 있다.

2) 좌표 참조 란에는 좌표구역의 명칭, 10만 미터 평방 구분표식, 좌표 판독법 등에 대한 지침이 포함되어 있다.

카. 편각 도표

1) 편각도표는 지도의 하단 난외 중앙에 표시되어 있으며, 나침반이 가리키는 북쪽 방향인 자북, 지도에서 가리키는 북쪽 방향인 도북, 북극성 방향을 가리키는 진북을 나타낸다.
2) 편각도표는 하나의 큰 도표로 표시되어 있는데 중복좌표 지역(한반도의 경우 동경 125도 30분~126도 30분 지역)의 경우에는 2개의 작은 도표로 표기되어 있다. 2개의 도표로 표시할 경우 주 좌표지역의 도표는 흑색, 중복 좌표지역의 도표는 청색으로 표시한다.
3) 편각도표는 자북, 도북, 진북 방향간의 관계와 세 방향의 차이각인 편차각을 표시하고 있으며, 그 지역의 도자각 확인이나 도북각을 자북각으로, 자북각을 도북각으로 변경 하고자 할 시 사용한다.

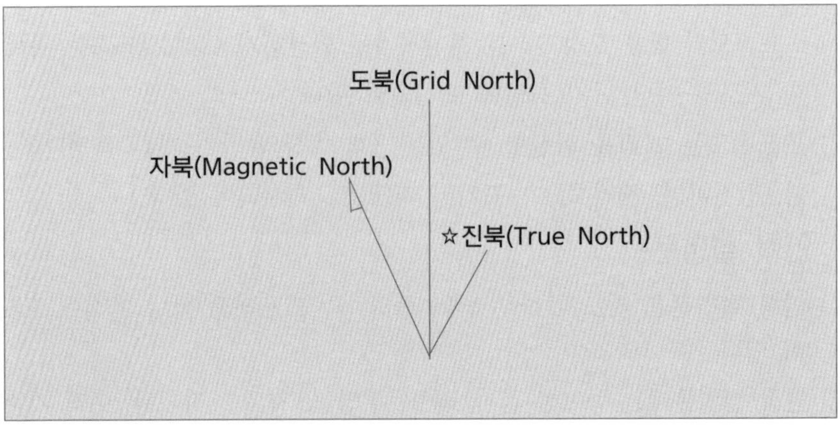

[그림 6] 편각 도표

타. 척도 환산표

길이 측정단위인 미터(m)를 피트(f)로 환산할 때 사용한다.

파. 인근 도엽표

인근 도엽표는 해당지도에 표시된 지역과 인접한 지역의 지도 도엽명과 도엽번호를 확인하기 위한 것으로써 난외 우측 부분에 9개의 장방형 도표로 제시되어 있다.

인근 도엽표
Adjoining Sheets

김 포 3121 Ⅲ	서 울 3121 Ⅱ	마석우리 3221 Ⅲ
인 천 3120 Ⅳ	수 원 3120 Ⅰ	이 천 3220 Ⅳ
남 양 3120 Ⅲ	오 산 3120 Ⅱ	안 성 3220 Ⅲ

[그림 7] 인근 도엽표

하. 경계표

1) 경계표란 해당 지도의 도엽을 축소시켜 지도 구역 내에 있는 특별시나 광역시 및 도, 구 · 시 · 군, 읍 · 면의 행정구역 경계선을 표시해 준다.
2) 경계표는 지도하단 난외 우측 부분에 있으며 군사지도상의 임의 지점이 행정구역상 어느 지역에 해당되는지 확인하고자 할 경우 사용한다.
3) 군사지도에 행정구역 경계선 표시는 아래와 같다.

♠ 특별시 · 광역시, 도 경계선	—— · —— · —— ·
♠ 구 · 시 · 군 경계선	—— · · —— · · ——
♠ 읍 · 면 경계선	—— --- —— --- ——

거. 고도 지침표

1) 고도 지침표란 해당지도의 도엽을 축소시켜 주요고도 및 배수관계 등 지형의 특징을 일목요연하게 표시해 놓은 도표이다.
2) 고도 지침표는 지도 하단 난외 우측부분에 있고 지도사용자가 지도 도엽 내 지형의 주요형태를 쉽게 판독할 수 있도록 해 주는 것이다.

너. 경사 지침표

1) 기복 지형의 경사를 등고선을 이용하여 측정할 수 있도록 11개의 수평선과 6개의 수직선으로 이루어지 도표이다. 수평선과 수직선의 교차 마디는 등고선간의 수평거리이다.
2) 경사 지침표의 등고선 간 수평거리를 경사를 측정하기 위한 등고선 간격에 맞춰 길이를 대조함으로써 도표의 경사율과 경사각을 적용한다.

더. 저장번호

1) 지도의 저장 및 관리를 위해 각 지도에 제작기관의 관리체계에 관한 저장번호를 지도의 하단 우측부분에 표시한다.
2) 저장번호는 계열번호와 도엽번호를 붙여 사용하나 도엽번호가 없는 시가도 같은 경우 도엽번호대신 영문 도엽명을 사용한다. 이때 저장번호는 문자와 아라비아 숫자를 포함 15 이내로 한다.

러. 특별주기

특별주기는 지도 사용자의 이해를 돕기 위해 공통적으로 표시되는 난외주기에 추가하여 제시되는 것으로 지도하단 난외 우측부분에 표기한다.

제3절 색채 및 기호

1. 개 요

가. 다양한 지형지물을 표시하기 위해 지도에 사용된 색채나 기호는 지도 판독자가 쉽게 이해 되도록 실제 지형지물의 위치에 실제 비율로 축소된 크기로 표시한다.

나. 기호는 실제 지형지물과 유사하게 마치 위에서 아래를 내려다 본 형태로 표시한다.

2. 지도에 사용되는 색채

가. 지도에 사용되는 색체는 지도종류에 따라 일부분 다르나 통상적으로 사용되는 표준 색채는 아래와 같다.

- 흑색: 인공 지형지물, 번호 없는 비포장 도로 및 소로
- 청색: 배수관계(바다, 강, 호수, 저수지, 하천 등), 고압선, 활주로, 논
- 녹색: 식물관계(삼림, 과수원 등), 고속도로
- 갈색: 고도 및 기복
- 적색: 건물이 밀집된 도심지역, 주요도로(고속도로 제외), 특수 지형지물

나. 특수사항을 표시하기 위해 표준 색채 이외 색채를 사용할 수도 있는데 사용 시에는 해당 색채가 무엇을 나타내는지 난외주기에 표시해야 한다.

3. 지도에 사용되는 기호

지구 표면에 수많은 지형지물들을 지도에 다양한 기호와 색깔로 표시하였으며, 모든 기호의 중심위치가 그 지형지물의 실제 위치임을 나타낸다.

가. 흑색

1) 인공지형지물

표준 복선철도			
표준 단선철도 및 역			
초 / 중 / 고등학교			
교회 / 성당		양수장	W.P.S 
절		변전소	
사 당		공동묘지	
철 교	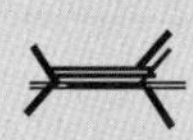	콘크리트 교량	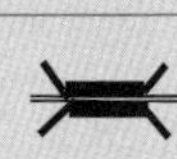
단일도로교량	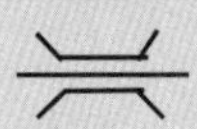	도보 교량	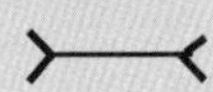

2) 번호 없는 비포장 도로 및 소로

- 비포장 도로 2차선 ═══ • 1차선 ⁚⁚⁚⁚⁚⁚⁚⁚
- 우마차 도로 ━ ━ ━ ━ • 폭 1.5m이하 소로┅┅┅┅┅┅

나. 청색

1) 배수관계

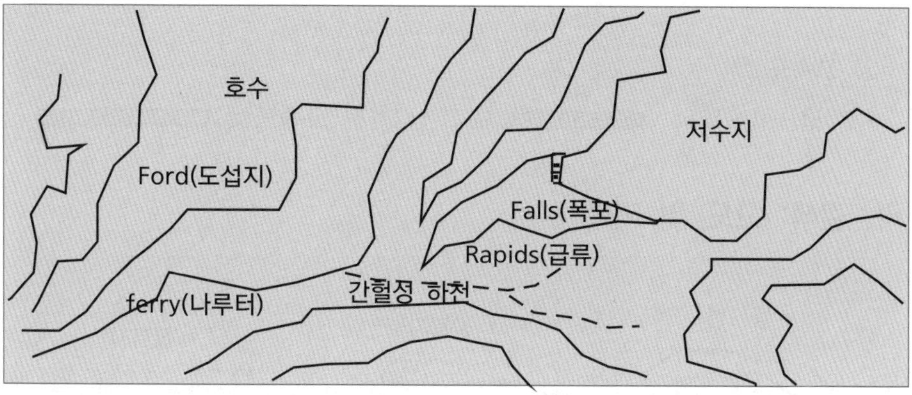

2) 기 타

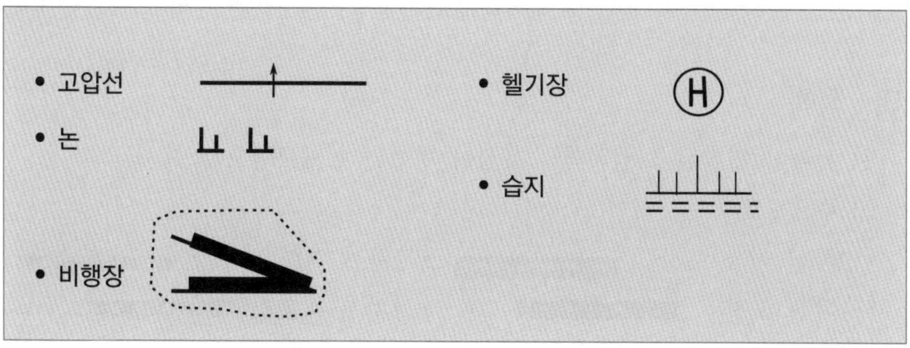

다. 녹색

1) 식물관계

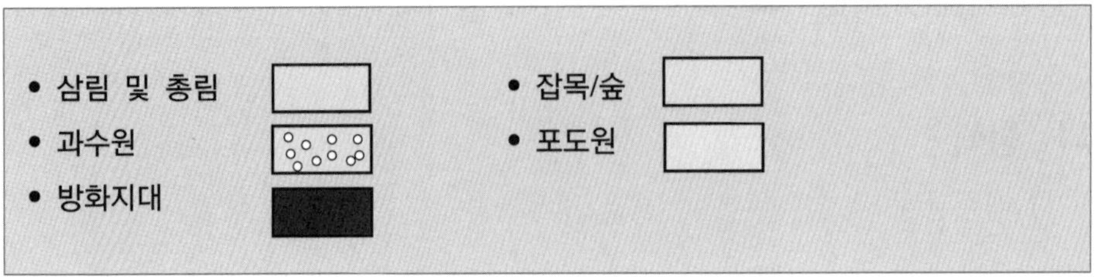

2) 고속도로

• 4차선 고속도로 • 2차선 고속도로

라. 갈색: 고도 및 기복

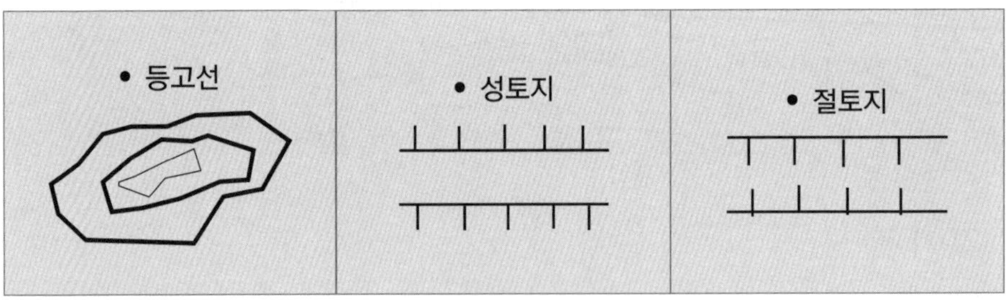

마. 적색

1) 건물이 밀집된 도심지역 : 도심이 형성된 실제모양으로 표시

2) 주요도로

• 2차선 이상 포장 • 2차선 이상 비포장

• 1차선 포장 • 1차선 비포장

바. 지도에 사용된 각종 기호의 의미를 알기위해서는 지도 하단의 난외좌측에 범례를 확인하면 쉽게 알 수 있다.

제3장 고도 및 기복

제1절 개 요

1. 고도(高度) 및 기복(起伏)의 정의

가. 지형의 모양과 높·낮이, 지형 격실 등은 부대가 이동할 수 있는 통로를 제한하거나 부대배치, 공격 및 방어 등 전술작전에 커다란 영향을 미치므로 지도 사용 시에는 다양하고 불규칙적인 지구 표면의 형상과 기복이 군사작전에 미치는 영향을 판단하여 유리하도록 활용하여야 한다.

나. 고도

고도는 수직 기준면으로부터 어떤 점까지의 위로 또는 아래로의 수직거리를 말하며, 고도 측정단위는 미터법을 적용한다.

다. 수직기준면

1) 수직기준면은 수직측정을 위한 기준으로써 평균 해면수위[2]를 기준으로 하며, 수직기준면은 지도상에 나타나는 모든 수준측량 기점 또는 등고선과 표고의 기준을 지정해 준다.

2) 우리나라는 인천만의 평균 해면수위를 수직기준면으로 한다. 예를 들어

2) 평균해면수위 : 바람이나 그 밖의 외력이 작용하지 않으며 밀물과 썰물에 의한 수면의 변화가 전혀 없다고 가정했을 때의 해수면을 말한다. 평균수면 또는 평균조위라고도 한다.

제주도 한라산의 높이가 1,950m인데 이는 인천만의 평균 해면수위로부터 수직거리가 1,950m라는 것을 의미한다.

라. 기복

1) 산이나 구릉지대 등의 지세가 높아졌다가 낮아졌다 하는 지형의 모양 및 높이와 지표면의 특징을 표시한 것이 기복이다.
2) 기복을 표시하는 방법에는 등고선, 음영 식 표현법, 단채식 표현법 등이 있다.

2. 고도 표시방법

- BM ×150(흑색) : 수준점
- △ 1590(흑색) : 삼각점
- ×150(흑색) : 점고도
- ×150(갈색) : 점고도
- 등고선

가. BM ×150(흑색): 수준점

1) BM(Bench Mark)은 고 · 저 측량의 기준이 되는 수준점을 의미한다.
2) 수준점은 해면 평균수위를 기준으로 수직거리가 정확하게 측량된 지점을 의미하는 것으로 BM×150(흑색)은 고도가 150m로 정확하게 측량된 지점임을 나타낸다.
3) 수준점은 지상 여러 지점의 높 · 낮이를 측량하는 수직 측량기점으로 사용된다.

나. △1590(흑색): 삼각점

1) 삼각점은 삼각측량을 할 때 기준으로 선정된 지상의 정점으로 각 정점에는 일정한 표석이 설치되어 있다.
2) 즉, △ 1,590은 삼각측량 결과 고도가 1,590m임을 의미한다.
3) 삼각점의 종류에는 1등, 2등, 3등, 4등 삼각점 4개 등급으로 나누어지며, 삼각점간 상호거리에서 1등급은 30Km, 2등급은 10Km, 3등급은 5Km,

4등급은 2.5Km 내외이다.

4) 이 삼각점은 측량이나 포병사격 제원산출 등에 사용한다.

다. ×150(흑색)

표시된 지점의 고도가 150m로서 고도조사가 완료되었음을 의미한다.

라. ×150(갈색)

표시된 지점의 고도가 150m로서 도도가 미확인 되었음을 의미한다.

마. 등고선 : 2절 "등고선"을 참조한다.

제2절 등고선

1. 등고선(等高線)의 정의

가. 등고선이란 해면 평균수위를 기준으로 동일한 고도를 가지 여러 지점을 연결한 가상의 선이다. 이는 평균 해면수위를 "0"으로 시작하여 표기하며 단위는 미터법을 적용한다.

나. 등고선 하나하나는 단순하게 동일한 고도를 연결하였으나 전체적으로는 지형의 모양이나 형태를 의미하는 것으로써 등고선은 지도 사용자에게 지형지물의 높·낮이나 경사의 완·급 판단을 가능하게 해주는 것이다.

2. 등고선의 종류

등고선의 종류에는 계곡선, 주곡선, 보조등고선, 저하등고선, 근사 등고선 등이 있다. 등고선간의 간격은 축척에 따라 다르며, 난외주기 하단 중앙에 표시되어 있다.

가. 계곡선(計曲線)

1) 고도 "0"에서 시작하여 매 다섯 번째 등고선은 굵은 갈색 선으로 그려져 있는데 이 등고선을 계곡선이라 한다.
2) 계곡선간의 간격은 축척에 따라 다르나 1/5만 지도에서는 100m 간격으로 표시되어 있다.

나. 주곡선(主曲線)

1) 계곡선 사이에 계곡선보다 가는 갈색 선으로 그려져 있는 등고선이 주곡선이다.
2) 주곡선의 고도는 통상 표시되어 있지 않고, 1/5만 지도에서 주곡선의 간격은 20m이다.

다. 보조 등고선

1) 보조 등고선은 계곡선 및 주곡선으로 정확한 고도와 기복을 나타내지 못할 경우 사용하며 지도에는 갈색 점선으로 표시되어 있다.
2) 보조 등고선의 고도는 주곡선 간격의 1/2로 표시하며 1/5만 지도에서 보조 등고선의 간격은 10m이다.

라. 저하 등고선

1) 저하 등고선은 움푹 들어간 지형의 깊이와 저하 지점을 나타낸 등고선이다.
2) 지도의 표시방법은 갈색 등고선에 저하된 방향으로 작은 눈금으로 표시하며 간격은 주곡선과 동일하게 1/5만에서 20m이다.

마. 근사 등고선

근사 등고선이라 측량기사의 접근이 곤란하고 지도제작에 사용되는 항공사진에서도 고도를 정확히 판단할 수 없는 지역을 지도에 나타낼 때 사용하는데 갈색 점선으로 표시한다.

3. 등고선에 의한 고도결정 방법

가. 난외주기에서 등고선 간격과 측정단위를 확인한다.

나. 고도를 알고자 하는 지점이 등고선상일 경우

1) 알려고 하는 지점에서 가장 가까운 숫자가 기록된 등고선의 고도나 가장 가까운 계곡선을 찾아 고도를 확인한다.
2) 숫자가 기록된 등고선으로부터 알려고 하는 지점사이의 등고선 숫자를 계산하여 등고선 간격을 곱한다.
3) 숫자가 기록된 등고선 고도에 2)항의 값을 가감하면 알려하는 지점의 고도가 된다.

다. 알려고 하는 지점이 등고선과 등고선 사이에 있을 경우

1) 등고선 간격의 1/4~3/4지점은 등고선 간격의 1/2을 가감
2) 등고선 간격의 상/하로 1/4미만 지점은 가까운 등고선 고도와 동일하게 간주

라. 알려고 하는 지점이 저하 등고선일 경우

1) 최초 저하되는 지점들을 연결하는 저하 등고선의 고도는 저하 등고선이 아닌 가장 가까운 등고선과 동일하다.
2) 저하된 지점의 고도는 등고선 사이에 위치한 지점과 동일한 방법으로 계산하여 최초 저하되는 지점의 등고선 고도에서 감한다.

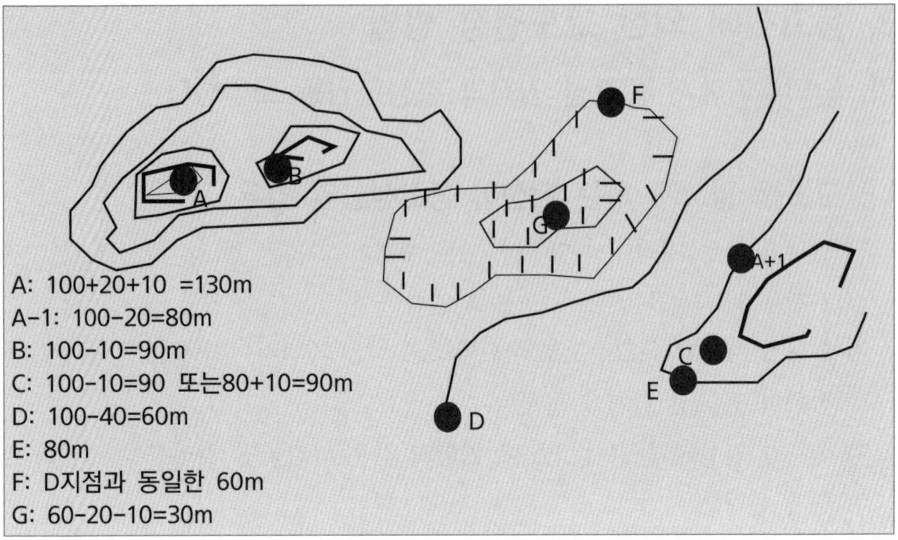

[그림 8] 고도 판단

4. 등고선 간격에 의한 지형경사 판단

등고선의 간격이란 기준면 상 · 하의 수직거리를 말하며, 등고선 간격에 의해 지형의 기울어진 형태, 즉 경사의 성질을 판단하게 된다.

가. 등고선 간격이 고르고 넓으면 완경사 지형이다.

나. 등고선 간격이 고르고 조밀하면 급경사이며, 등고선 간격이 조밀하면 조밀할수록 경사는 더욱 심하다.

다. 요면(凹) 경사는 실제지형에서 산허리 부분이 움푹 들어간 지형으로 지도상에 나타나는 등고선의 모양은 산 정상부근에서 아주 조밀하고 간격이 좁으며 산 하단부에서 간격이 넓다.

라. 철면(凸)경사는 산허리가 불룩 튀어나온 지형으로 지도상에 나타나는 등고선의 모양은 산 정상 부근에서 넓고 산 하단부에서 좁다.

5. 등고선 모양에 의한 기복형태 판단

기복이란 지형의 모양, 높이와 지구표면의 불규칙한 특징을 말하는 것으로 등고선의 모양에 따라 기복의 형태를 판단할 수 있다.

가. 고 지

사방으로 경사진 높은 한 지점이나 지역을 나타내는 것으로 등고선의 모양은 가운데 작게 모아지는 다양한 형태의 원으로 표시된다.

나. 능 선

1) 능선은 산줄기를 따라 계속 이어진 봉우리의 선을 말한다. 능선상의 모든 봉우리는 산줄기를 따라 규칙적으로 다소의 변화를 이루고 있으며 능선 양편에 잇는 지면보다 대부분이 높다.
2) 능선이 진행 방향에 평행일 때는 종격실 능선이라 하고, 능선이 진행방향에 수직일 때는 횡격실 능선이라고 한다.
3) 지도상에서 능선을 나타내는 등고선의 모양은 고지나 산줄기를 따라 계속 이어진 형태이다.

다. 지 맥

1) 지맥이란 주능선에서 측면으로 뻗어 나온 비교적 높은 지역의 짧고 계속적인 경사를 이루는 산줄기 선을 말한다. 지맥은 능선의 측면 아래로 소계곡을 이루는 비교적 평행하게 이어지는 2개의 개울에 의해 통상 형성되는 것이 특징이다.
2) 지도상의 지맥을 나타내는 등고선의 모양은 고지를 중심으로 넓게 펴져있는 형태이다.

라. 계 곡

1) 계곡은 2개 이상의 산 사이에 물이 흐르는 골짜기이다. 즉 지맥과 지맥, 능선과 능선 사이에 형성된 골짜기로서 이는 통상 내부가 기동공간을 가지고 있다.
2) 지도상에 계곡을 나타내는 등고선의 모양은 U형이며, 등고선이 개울과 교차하기 전까지는 이 개울[3]과 평행하는 특징이 있다. 또한 계곡의 경사가 완만하고 물의 흐름이 느리면 등고선 간의 간격이 넓으면서 개울과 길게 평행을 이루며, 등고선과 개울이 교차하는 만곡 된 부분은 항상 개울의 상류가 되는 것이다.

마. 소 계 곡

1) 소 계곡은 2개 산사이의 골짜기이다. 기동공간이 거의 없고, 개울이 발달되지 않은 곳이다. 즉 계곡을 연해 발달된 작은 계곡이다.
2) 지도상의 소 계곡을 나타내는 등고선의 모양은 V형임, V의 끝부분이 소 계곡의 상류 쪽을 향하고 있다.

바. 안 부(鞍部)

1) 안부란 지형의 모양이 사람이 말을 탈 때 사용하는 안장[4]과 같이 2개 봉우리 사이의 낮은 등성이를 말한다. 이는 통상 능선을 따라 깊거나 또는 낮은 장소로써 산줄기와 계곡이 만나는 지점에 형성된다.
2) 지도상에 안부를 나타내는 등고선의 모양은 고지와 고지사이에 잘록하게 그려진 형태이다.

사. 함몰지

1) 함몰지는 주변의 지형보다 낮은 저지 또는 움푹 들어간 곳으로 사방이 높은 지대로 둘러 쌓인 곳이다.

---

3) 개울 : 골짜기에서 흘러내리는 작은 물줄기
4) 안장(鞍裝) : 말의 등에 얹어서 사람이 타는데 쓰는 가죽으로 만든 제구

2) 지도상 함몰지의 표시는 함몰이 시작되는 지점에서 저지 또는 움푹 들어간 방향으로 일정한 선을 긋는다.

아. 절토지 및 성토지

1) 절토지란 도로, 철도, 운하와 같은 교통의 통로를 제공하기 위해 일정한 경사와 높이로 땅이나 암석을 깎아낸 지역을 말한다.
2) 성토지란 절토지와 반대로 낮은 지역을 메워 인공지물을 설치할 수 있도록 축제한 지역을 말한다.
3) 지도상에 기호는 절토나 성토된 방향으로 일정한 선을 그어 나타내며, 이때 선의 길이는 실 축척대로 표시한다.

자. 절벽

1) 절벽은 험한 낭떠러지를 말한다. 즉, 절벽지역은 수직 경사 또는 수직에 가까운 경사 지대이다.
2) 지도상에 표시는 등고선이 한 곳에 합쳐지는 형태로 나타내게 되며 절벽의 낮은 방향으로 일정한 선을 긋는다.
3) 절벽의 높이는 합쳐진 등고선의 수에 등고선의 간격을 곱하여 계산하는데, 예를 들어 등고선 간격이 30m이고 등고선 3개가 합쳐진 절벽의 높이는 90m인 것이다.

제3절 경 사

1. 개 요

가. 경사란 지층면의 수평면을 기준으로 비스듬히 한쪽으로 기울어진 정도를 말한다.

나. 급경사는 몹시 비탈진 경사를, 완경사는 완만한 경사를 말한다.

다. 장비 또는 인원의 이동속도는 지형의 경사 정도에 따라 많은 영향을 받으며, 특히 대부분의 장비는 어느 정도의 경사를 극복할 수 있는 한계를 가지고 있기 때문에 경사를 정확하게 표시하는 방법이 필요하다.

라. 경사는 수평거리와 수직거리의 비교에 의해 결정된다.

1) 수직거리는 최고지점과 최저지점과의 고도 차이로써 지도상에서 등고선을 이용하여 측정할 수 있다.

2) 수평거리는 최고지점과 최저 지점간의 수평 지상거리로써 지도상에서 측정한 거리와 축척을 이용하여 산출한다.

3) 경사를 산출하기 위해서는 수직거리와 수평거리를 정확하게 측정하여야 하며 통상 경사가 가장 심한 부분을 측정하여야 한다.

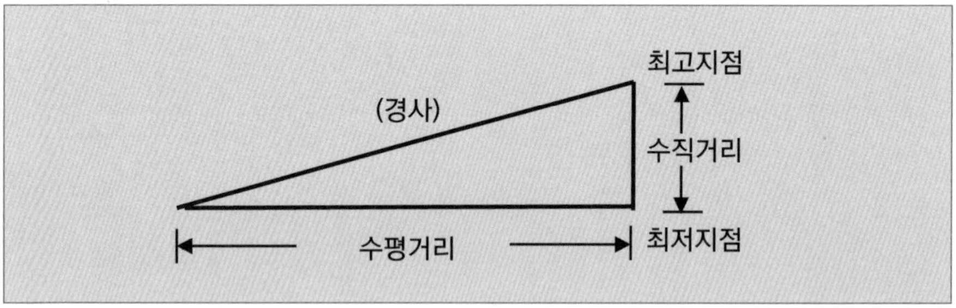

[그림 9] 경사 도해

2. 경사표시 및 산출

가. 경사표시 방법

경사 표시방법에는 경사도, 경사율, 경사각 등에 의한 방법이 있다.

나. 경사표시 방법별 산출방법

1) 경사도

가) 경사도란 수평거리와 수직거리의 관계를 분자가 1인 분수로 나타내는 방법이다.

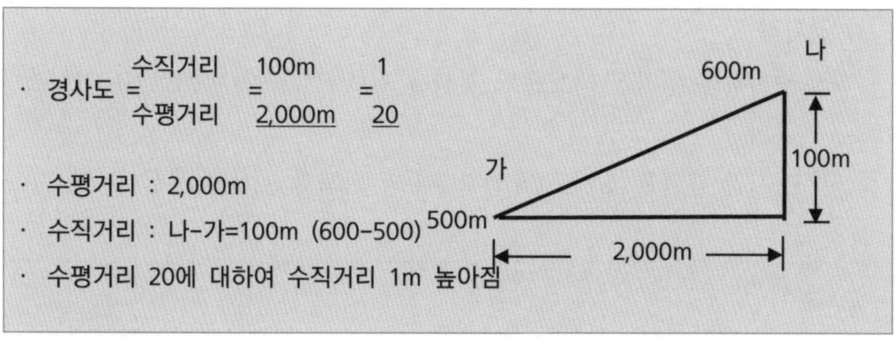

[그림 10] 경사도

나) 경사도는 "수평거리00m에 대해 수직거리 0m가 높아지거나 낮아진다"로 표현한다.

2) 경사율(%)

가) 경사의 통상적인 표시방법은 백분율(%)에 의한 표시방법이다. 즉, 수평거리 매 100 단위에 대한 수직거리의 단위이다.

나) 백분율로 경사를 표시할 경우 그 경사가 상승인지, 하강인지를 표시하기 위해서 "+" 또는 "-"를 경사율 앞에 반드시 붙인다.

· 경사율 = $\frac{수직거리}{수평거리} \times 100$

· 수평거리 : 2,000m

· 수직거리 : 나-가=100m

· 경사율(%) = $\frac{100 \times 100}{2,000}$ = 5%

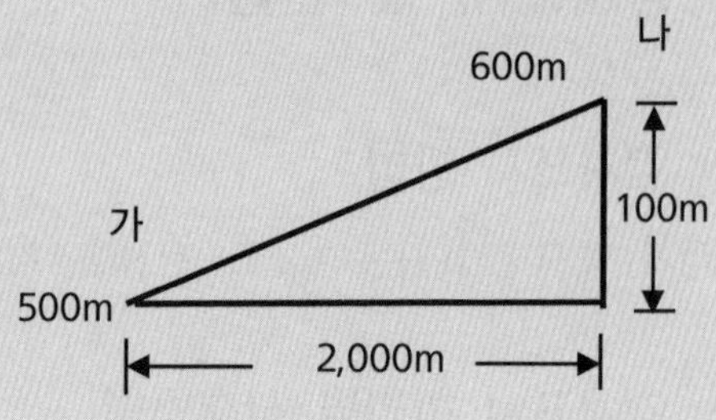

[그림 11] 백분율에 의한 경사표시

다) 상기 그림에서 가~나까지의 경사율은 +5%이고, 나~가까지의 경사율은 -5%이다.

3) 경사각

가) 경사각은 경사진 각도로써 경사를 각(角)의 도수(度數)로 표시한 것을 말한다.

나) 경사각 산출은 경사도와 삼각함수의 탄젠트 값을 이용한다.

• 경사각

· 수평거리 : 2,000m

· 수직거리 : 나-가 = 100m

※ 계산법

① 경사각 tan% = $\frac{100}{2,000}$ = 0.05

② % = tan-1(0.05)

③ tan도표[5]에서 0.05를 찾으면 % 값인 2.9를 구할 수 있으며, 경사각은 2.9 또는 약 3° 이다.

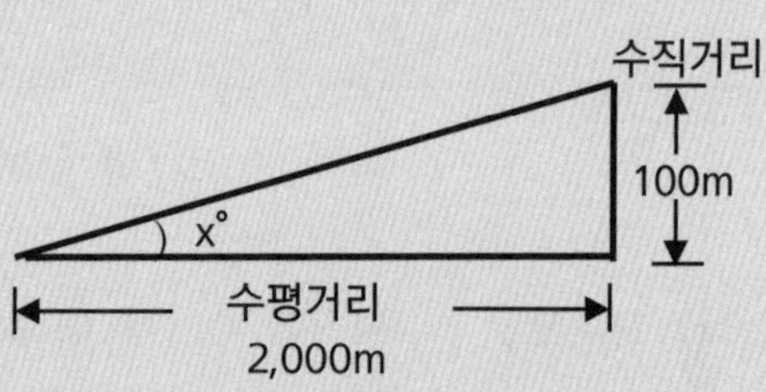

[그림 12] 각도로 표시한 경사

5) 탄젠트도표 : tan값을 구하여 정리해 놓은 도표

다) 20° 이하 경사일 경우에는 경사도 57.3을 곱함으로써 비교적 정확한 경사각을 구할 수도 있다.

제4절 단면도

1. 개 요

가. 단면도는 물체를 평면으로 절단한 후 절단면의 내부구조를 그린 그림 또는 도형을 말한다.

나. 물체를 절단 시 통상 수직으로 절단하는데 이를 수직단면도라고 하며 일반적으로 단면도의 대부분이 수직단면도이다.

다. 지도를 이용하여 지형 연구 시에는 통상 등고선을 활용하지만 보다 세밀한 지형연구 필요시는 단면도를 작성하여 활용한다.

2. 단면도 작성

단면도는 지도상의 등고선을 이용한 작성법에 대해 살펴본다.

가. 단면도를 작성하고자 하는 2개의 지점을 연결하는 하나의 선을 지도상에 그린다.

나. 지도상 등고선과 단면선이 교차 또는 접촉하는 등고선의 고도 수치들과 가장 높은 등고선과 가장 낮은 등고선의 고도 수치를 판독 후 가장 높은 등고선보다 1개 높은 고도의 등고선 수치와 가장 낮은 등고선보다 1개 낮은 고도의 등고선 수치를 확인한다.

다. "나" 항에서 결정한 각 등고선의 수치에 해당하는 한 장의 백지에 수평으로 동일한 평행선을 그린다.

라. 종이에 그린 수평선 한쪽 끝에 "나"항에서 확인한 등고선 고도수치를 부여하되 위에서 아래로 높은 고도수치부터 낮은 고도수치 순으로 기록한다.

마. "가"항에서 지도상 그린 단면선과 "다"항의 종이 위에 그린 평행선이 인

접하고 평행이 되도록 지도 아래에 종이를 위치시킨다.

바. 지도상 등고선들과 단면선이 접촉하는 지점에 점을 표기한다. 각 점에서 등고선과 동일한 고도수치를 가지 종이 위의 수평 평행선까지 수직선을 내려 긋고 수직선과 평행선이 만나는 곳에 점 표시를 한다. 이 때 등고선 사이의 넓은 지역이나 고지의 가장 높은 지점 및 계곡의 가장 낮은 지점에 대한 고도수치는 등고선에 의한 고도 결정방법을 이용하여 산출한 고도수치에 해당되게 수직선을 내려 긋는다.

사. 상기 "바"항에서 표시한 각 점을 자연스런 곡선으로 연결하면 단면도가 완성된다.

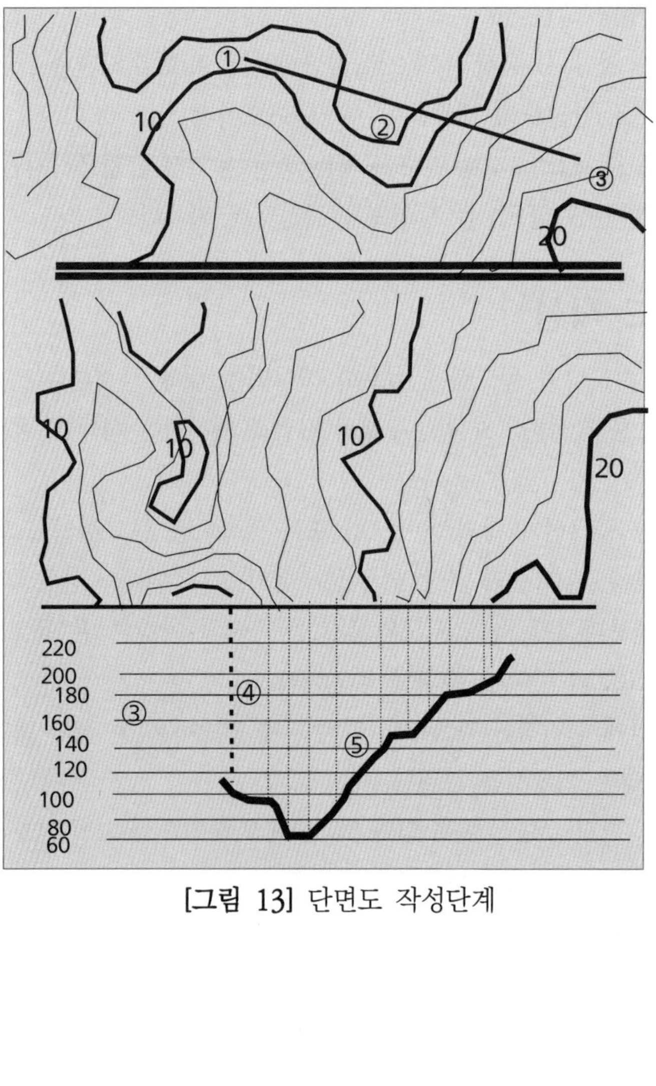

[그림 13] 단면도 작성단계

3. 약식 단면도 작성

가. 약식 단면도는 시간적 여유가 없고 완전한 단면도가 필요하지 않을 경우에 작성한다.

나. 작성 방법은 단면도 작성방법과 동일하며, 주요고지와 능선정상, 계곡 등 주요 지점만 표시한다.

4. 단면도 용도

가. 단면도는 지형을 군사적으로 이용하기 위한 가시지역과 산악지대 분석, 도로 및 철도건설, 하천제방 및 댐 건설, 터널굴토, 도관 설치 등에 활용된다.

나. 단면도를 이용한 가시도 및 사각지대 분석

1) 완성된 단면도상에 관측자/직사화기 위치를 표정한 후 판단하고자 하는 지형의 방향으로 선을 그으면 고지 등 지형의 양상에 의해 가시지역, 차폐지역, 사각지역을 판단 할 수 있게 된다.

2) 아래 그림은 가시지역 및 차폐지역을 판단한 것이다.

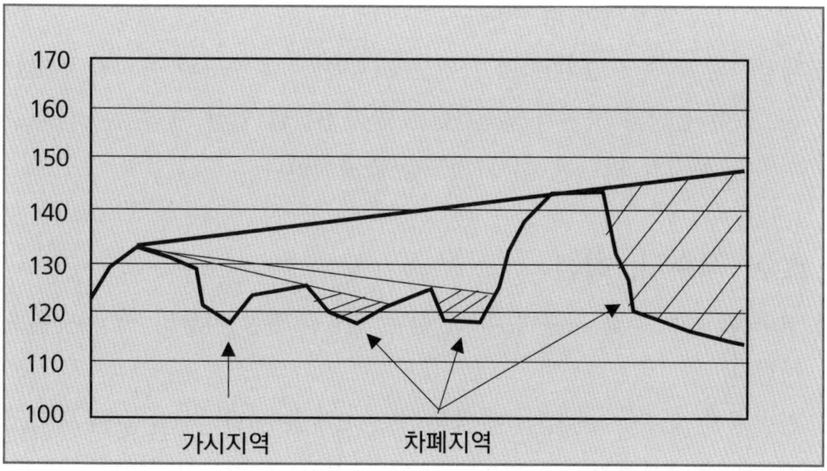

[그림 14] 가시도 결정

제5절 배수지물

1. 개 요

가. 배수지물(排水池物)이란 자연적이든 인공적이든 물이 구성의 일부분으로 되어있는 육지에 있는 지형지물을 말한다.

나. 배수지물은 영구적인 곳, 간헐적인 곳, 건조한 곳으로 분류된다.

1) 영구적인 곳: 연 평균 6개월 이상 물이 있는 곳

2) 간헐적인 곳: 연 평균 6개월 미만 물이 있는 곳

3) 건조한 곳: 물이 거의 없거나 극히 단기간만 일시적으로 물이 있는 곳

2. 배수지물 표시

가. 해안선

1) 조수 간만의 차이가 있는 곳으로 만조 시 최고 수위까지 물이 있는 곳으로 지도상에 표시한다.

2) 조수 간만의 차이가 없는 곳은 연중 6개월 이상 계속되는 수면을 물의 평상 수위로 적용하여 표시한다.

3) 해안선의 조수 간만의 차이가 있는 지역은 최고 수위와 육지가 만나는 선을, 조수 간만의 차이가 없는 곳은 연중 6개월 이상 계속되는 물의 평상 수위와 육지가 만나는 선을 지도상에 표시한다.

나. 호수, 저수지, 하천

1) 영구적인 호수 및 저수지, 하천 등은 연중 6개월 이상의 평상 수위로 표시한다.

2) 간헐적인 호수나 저수지, 하천은 연중 6개월 이하 기간 동안 물이 있는 지물의 외곽선까지 표시하여 범례에 규정된 기호로 표시한다.

제4장 좌 표

제1절 개 요

1. 좌표(座標)의 정의

좌표란 직선이나 평면, 공간에서 임의의 지점이나 위치를 확인하고 나타내기 위해 문자나 수의 짝으로 이루어진 표준이 되는 도표를 말한다. 이는 바둑판에 의해 놓여 진 바둑알의 위치를 확인하기 위해 바둑판에 가로, 세로로 그어진 각각의 선에 문자나 숫자를 부여한 후 돌이 놓여 진 위치에 해당하는 문자나 숫자를 결합하여 읽음으로써 놓여 진 지점과 위치를 식별하는 것을 연상하면 이해하기 쉽다.

2. 좌표의 용도

가. 우리가 지구상 임의의 지점이나 위치를 식별하거나 나타내고자 할 때 잘 알고 있는 지역이라면 저명한 지형지물을 이용하는 방법 등으로 식별하거나 나타낼 수 있지만 알고 있지 못한 생소한 지역은 임의의 지점이나 위치를 식별할 수 있는 일관성 있고, 정확한 방법이 필요하다.

나. 좌표는 지구상의 여하한 지점이나 위치를 식별하고 나타내기 위해 사용한다.

다. 좌표로 활용되기 위해서는 다음과 같은 조건에 맞아야 한다.

♥ 광범위한 지역에 적용가능	♥ 모든 지도에 사용가능
♥ 경계표 불필요	♥ 사용이 용이

라. 좌표 표기 방법에는 지리좌표와 군사좌표가 있다.

제2절 지리좌표

1. 개 요

가. 지리좌표

1) 타원체 모양의 지구를 남에서 북으로 구분한 경도선과 동에서 서로 구분한 위도선으로 지구상 모든 지점의 위치를 식별하고 나타내는 좌표체계를 말한다.

2) 경도선과 위도선의 측정단위는 60진법으로 도(°), 분(′), 초(″)로 나타낸다.

나. 경도선(經度線)

1) 자오선이라고도 하며 영국의 그리니치 천문대를 지나는 선을 0°(본초자오선)로 하여 적도를 동, 서로 각각 180등분한 후 남, 북극을 연결한 선이다.

2) 본초자오선을 중심으로 동쪽을 동반구라 하며, 동경 0°-180°로 구분하고 서쪽을 서반구라 하며 서경 0°-180°로 구분한다.

3) 경도 1°의 간격은 적도에서 가장 넓은 113.32Km이며 북위 30°지역은 85.3Km가 되고 양극에서는 0Km이다.

다. 위도선(緯度線)

1) 적도[6](0으로 하여)를 중심으로 하여 남, 북으로 각각 90등분한 수 동, 서

로 평행하게 연결한 선이다.

2) 적도를 0°로 하여 북쪽지역을 북반구, 북위 0°-90°로 표시하고 남쪽지역을 남반구라 하며 남위 0°-90°로 표시한다.

3) 위도 1° 간격(남, 북 방향의 거리)은 110.56Km이다.

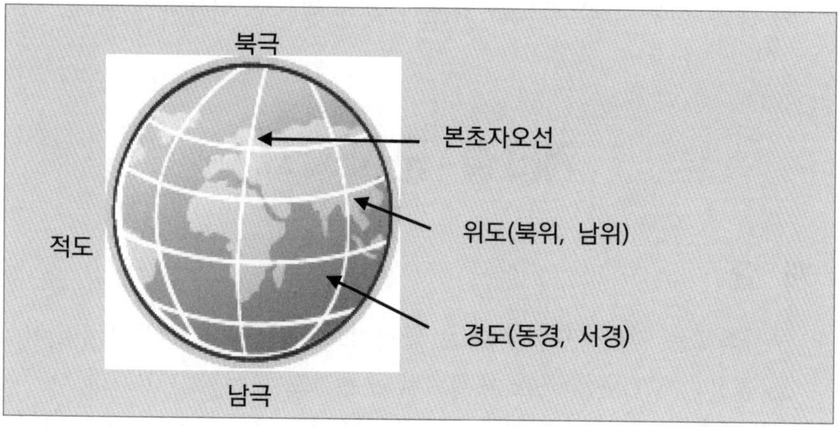

[그림 15] 지리 좌표

2. 군사지도에서 지리좌표 읽는 방법

가. 모든 군사지도는 지리좌표가 표시되어 있는데 이를 이용하여 군사지도에 나타나 있는 어떤 지점도 지리좌표로 표시할 수가 있는 것이다.

나. 군사 지도상 지리좌표가 표시된 곳은 지도의 네 모서리에 경도와 위도 수치가 도, 분, 초로 표시되어 있는 것을 알 수 있다.

다. 네 모서리에 주어진 경도오하 위도 외에도 지도의 도곽선을 따라 일정한 간격으로 지도의 안쪽으로 약간 뻗어 들어간 작은 참조 십자선(+)표시가 있다.

---

6) 적도: 지구의 자전축에 대하여 직각으로 지구의 중심을 지나도록 자른 평면과 지표와의 교선으로 위도의 기준이 되면 위도 0˚선에 해당한다. 적도를 따라 측정한 지구의 둘레는 4만 76.6Km이고 적도 반지름은 6,378.4Km이다.

3. 알고 있는 지리좌표를 수치를 이용하여 군사지도상에서 위치를 찾는 방법

가. 알고 있는 지리좌표의 수치를 이용하여 군사지도상 어느 한 지점의 위치를 찾는 경우 지리 좌표를 읽는 방법의 역으로 이용하면 된다.

제3절 군사좌표

1. 개 요

가. 군사좌표는 지리좌표를 기초로 군사적으로 활용하기 쉽도록 미터(m)법을 적용한 WGS-84좌표 체계로써 군용좌표 또는 격자좌표라고도 한다.

나. 지리좌표 체계는 각 지점의 위치를 경도와 위도로 나타내는데 군사좌표는 각 구역에 고유숫자와 영문자를 부여하여 위치를 나타내도록 격자가 조직되었다.

2. 군사지도에 사용되는 투영법

가. 투영법

투영[7]법이란 타원체로 형성되어 있는 지구의 표면을 평면상에 표현하기 위한 방법으로 투영중심[8], 투영축[9]에 따라 다양한 방법이 있다.

---

7) 투영: 투명한 지구본 안에 광원을 두고서 그 광원에 의해 비춰진 그림자를 평면상에 그대로 옮긴 것
8) 투영중심: 어떤 물체 등을 평면상에 투영할 때 투영의 중심
9) 투영축: 투사도법에 있어서 시점의 위치와 투영중심을 연결한 선

나. 군사지도에 적용된 투영법

1) 횡단 마케이터 투영

가) 원주가 90°회전 되었거나 횡축으로 된 투영방법을 이용하여 1948년 미 육군성에서 군사지도 제작을 목적으로 남위 80°-북위 84° 지역을 나타내는 UTM (만국 횡단 마케이터식 좌표) 좌표체계와 남위 80° 이남 지역과 북위 84° 이북지역을 나타내는 UPS(만국 극 입체화법식 좌표) 좌표체계를 조직하였다.

나) UTM좌표체계는 미국, 한국 등의 군사지도에 적용된 좌표체계이다.

2) 마케이터 투영법

1596년 지리학자 마케터가 고안한 투영법으로 남위 15° 로부터 북위 15° 지역에서 주로 적용하는 투영법이다.

3) GK투영법

타원체에 투영을 하고 평면상에 투영을 하는 이중 등각 투영을 하는 방법으로 러시아, 북한에서 지도 제작 시 적용하는 투영법이다.

다. 군사좌표 체계

군사좌표는 UTM 좌표체계의 격자 조직을 기초로 좌표구역 명칭, 10만m 평방 구분표시, 1만m 평방 구분표시, 1천m 평방 구분표시로 세분화 하였다.

1) 좌표구역 명칭

가) 축척 1/5만 "청주"지도의 난외주기 하단 좌측부분에 "52S" 가 표시되어 있는데 이것은 경도 6°위도 8°크기로 우리나라 지역의 좌표구역 명칭이다.

나) 좌표구역 명칭부여

(1) 남위 80°에서 북위 84°지역의 지구표면을 경도 6°간격으로 적도와 수직으로 60개 긴 구역으로 구분한 후 서경 180°에서 시작하여 서

에서 동쪽으로 1부터 60까지의 숫자를 부여하였고, 동경 126°에서 132°사이의 한반도는 52S지역에 해당되는 것이다.

(2) 좌표구역 명칭을 부여하기 위해서는 경도지역을 6°×60개 구역으로 구분하여 부여한 숫자와 위도지역을 일정한 간격으로 구분한 후 별도 문자나 숫자를 부여한 것과 종, 횡으로 결합 하였을 때 가능하게 된다.

(3) 위도지역을 남위 80° - 북위 84°지역, 즉 164°지역을 남위 80°지역에서부터 적도와 평행하게 북쪽으로 8×19개 구역, 12°×1개 구역, 총 20개 구역으로 구분하였다.

(4) 20개 구역에 영어 알파벳 26개 문자 중 A, B, I, O, Y, Z를 제외한 C에서부터 X까지의 20개 문자를 남위 80°지역에서부터 북쪽으로 각각 순차적으로 부여하였다.(A, B, Y, Z : 남, 북극지역 좌표에 사용, I, O: 숫자와 혼돈 방지)

(5) 좌표구역 명칭부여는 경도 360°를 6° 간격으로 구분하여 숫자를 부여한 60개 구역과 위도 164°지역을 8°, 12°로 구분한 후 영문자를 부여한 20개 구역의 숫자와 영문자를 결합하되, 종열선인 숫자를 먼저 "우로 읽고 쓰고", 횡열선인 영문자를 나중에 "상으로 읽고 쓰는" 순으로 결합 구성된다. 즉 52S 구역은 동경 126°-132° 지역을, S구역은 북위 32°-40° 지역에 부여된 숫자와 영문자이며 52S는 종열선 52를 먼저, 횡열선 영문자 S를 나중에 읽고 쓰는 순으로 숫자, 영문자를 결합한 좌표구역 명칭이다.

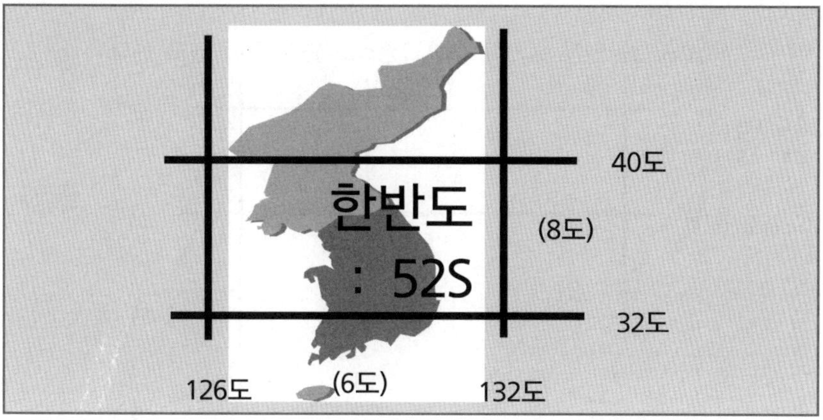

[그림 16] 우리나라 좌표구역

라. 군사지도 좌표 판독법

군사지도의 좌표 판독은 종열선인 "횡좌표10)"를 먼저보고 "우"로 읽고 쓰며, 횡열선인 종좌표11)를 나중에 보고 "상"으로 읽고 쓴다.

("우"로 먼저 읽고 쓰며, "상"으로 나중에 읽고 쓴다.)

1) 4단계 좌표

가) 10만m 평방구분 표시인 2개의 영문자와 횡, 종좌표 선에 부여된 4개의 숫자를 결합하여 1,000Km (1Km) 평방 방안내의 위치를 식별하거나 표시한다.

---

10) 횡좌표: 각각의 좌표선은 남. 북을 연결하는 종열선이나 좌표의 수치는 좌에서 우로 변하는 횡좌표로써 지도에는 상, 하단 여백에 좌에서 우로 변하는 숫자로 표기되어 있다.

11) 종좌표: 각각의 좌표선은 동, 서를 연결하는 횡열선이나 좌표의 수치는 상, 하로 변하는 종좌표로 지도에는 좌, 우 여백에 아래에서 위로 변하는 숫자로 표기되어 있다.

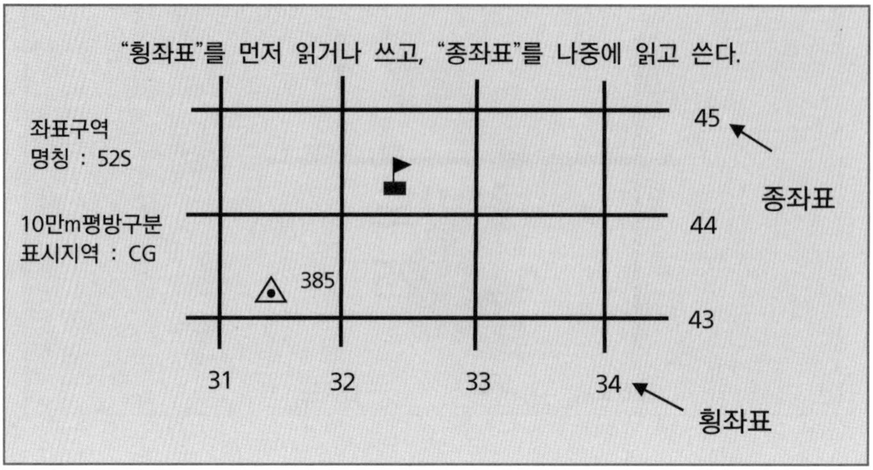

[그림 17] 4계단 좌표 판독

나) 상기 그림과 같이 ⚠ 385고지를 4계단좌표로 판독 시에는 10만m 평방 구분표시인 "CG"를 읽거나 쓴 후, 횡좌표인 31을 먼저 읽거나 쓰고, 종좌표인 43을 나중에 읽거나 쓰면 된다. 따라서 ⚠ 385고지를 4계단 좌표로 판독하면 "CG 3143"이며, 동일한 방법으로 학교는 "CG 3244" 지역에 위치하고 있다.

다) 4계단 좌표 판독은 1Km 평방 방안내의 대략적인 위치를 식별하거나 표시하고자 할 때에 사용한다.

2) 6계단 좌표

가) 10만m 평방 구분표시인 2개의 영문자와 6개의 숫자를 결합하여 100m 평방내의 위치를 식별하거나 표시한다.

나) ⚠ 385고지를 6계단 좌표로 판독 시엔 4계단 좌표선의 각 변을 독도경이나 좌표척, 자 등을 이용하여 10등분한 후 4계단 좌표판독 요령과 동일하게 판독하면 된다.

3) 8계단 좌표

가) 10만m 평방 구분 표시인 2개의 영문자와 8개의 숫자를 결합하여

10m 평방내의 정확한 위치를 식별하거나 표시한다.

나) ⟁ 385고지를 8계단 좌표로 판독 시 4계단 좌표의 각 변을 독도경이나 좌표척, 자 등을 이용하여 100등분한 후 4단계, 6단계 좌표 판독요령과 동일하게 판독하면 된다.

4) 10계단 좌표

가) 10만m 평방 구분 표시인 2개의 영문자와 10개의 숫자를 결합하여 1m 평방내의 정확한 위치를 식별하거나 표시하는 방법으로 야전에서 필요경우를 제외하고 많이 사용하지는 않는다.

나) 좌표 판독은 4계단 좌표선의 각 변을 1,000등분하여 4, 6, 8,단계 좌표 판독법과 동일하게 판독하면 된다.

3. UPS(만국 극 입체 화법식) 좌표체계

가. UPS 좌표는 UTM 좌표로 표시할 수 없는 남위 80° 이남지역과 북위 84° 이북지역에서 사용하기 위한 좌표체계이다.

나. 북극지역(북위 84° 이북지역)

1) 북극을 원점으로 하고 경도 0°와 180°를 연결하는 선을 기준선으로 하여 서부지역은 A, 동부지역은 B로 좌표구역 명칭을 부여하였다.

2) 10만m 평방구분 및 좌표판독

북극은 임의의 수 2,000Km 지점으로 각각 부여하여 10만m 평방 단위로 구분한 후 UTM 좌표체계와 동일한 방법으로 좌표 격자를 조직한 것이다.

다. 남극지역(남위 80° 이남지역)

1) 좌표구역 명칭 부여

남극을 원점으로 하고 경도 0°와 180°를 연결하는 선을 기준선으로 하여 서부지역은 Y, 동부지역은 Z로 좌표구역 명칭을 부여하였다.

2) 10만m 평방 구분을 위한 임의의 수 부여와 좌표 격자조직은 북극지역과 동일하다.

라. 남, 북극 지역을 UTM 좌표체계와 다른 좌표체계인 UPS 좌표체계로 발전시킨 것은 인류 생태계 보존을 위해 남, 북극지역을 군사적으로 활용하는 것을 제한하기 위해서이다.

제5장 축척 및 거리

제1절 개 요

1. 야전에서 거리판단 방법은 육안에 의한 방법, 물체 외형에 의한 방법, 섬광과 음향에 의한 방법, 밀 공식에 의한 거리판단, 인체의 감각기관(청각, 후각 등)에 의한 방법 등이 있다.
2. 여기서는 지도상의 거리를 측정한 수, 축척이나 도표척도를 이용한 지상거리를 산출하는 방법을 소개하였다.

제2절 축척을 이용한 지상거리 측정

1. 축척의 정의

가. 지도는 지구표면의 일부 또는 전부를 일정한 크기로 축소하여 도식한 것으로 일정한 크기로 축소한 지상거리에 대한 도상거리의 비율이 축척이다.

나. 지도상 도식된 도상의 거리는 축척을 이용하여 실제거리인 지상거리로 환산 할 수 있다.

다. 축척은 군사작전을 계획하고 실시하는데 실제 지상거리를 측정할 수 없을 경우 도상거리를 이용 지상거리를 측정하는데 매우 중요하게 활용된다.

2. 축척 표시

가. 축척은 지상 수평거리에 대한 도상 수평거리의 비율로 통상 분수로 나타낸다.

$$축척(RF) = \frac{도상거리(MD)}{지상거리(GD)}$$

※ RF : Representative Fraction
MD : Map Distance, GD : Ground Distance

축척은 어떤 측정단위를 사용하여도 언제나 도상거리를 1로 하여 나타낸다. 축척 1/5만 하는 것은 지도상의 측정단위 1이 실제적으로 지상에서 같은 측정단위 5만과 동일하다는 것이다.

3. 축척을 이용한 지상거리 측정

가. 두 지점간의 지상거리는 지도상에서 측정한 두 지점간의 거리를 축척의 분모에 곱하면 된다.

ex) 축척 1/5만의 경우
- 도상거리 3(단위)
- 지상거리 3(단위) × 3만 = 9만(단위)

∴ 측정단위가 m이면 도상거리 1m는 지상거리 3만m가 된다.

나. 지도에 축척표기가 안되어 있거나 모르는 경우 지도에서 도상거리가 실제 지상거리에서 어느 정도인지 계산하기 위해 축척이 산출되어야 하는데 축척 산출 법은 도상거리와 지상거리를 비교하는 방법과 축척이 있는 지도를 이용 축척이 없는 지도의 축척을 산출하는 방법이 있다.

1) 지상거리와 도상거리 비교 방법

- ★ 지도상에서 두 지점 간 도상거리 측정
- ★ 실제 지형에서 두 지점 간 지상거리 측정
- ★ 축척 공식을 이용하여 산출
- ★ 도상/지상거리는 동일한 측정단위가 되도록 환산 계산
- ★ 도상거리를 1로 축소 적용

2) 축척이 있는 지도로 축척이 없는 지도의 축척 산출 법

가) 축척이 없는 지도상 임의의 2지점을 선정 도상거리 측정

나) 축척이 있는 지도를 이용 가)항 측정의 동일 2지점에 대한 도상거리를 측정 후 축척을 이용하여 지상거리 산출 (지상거리 = 도상거리 × 축척의 분모)

다) 상기 가)항 측정 도상거리와 나)항 산출 지상거리를 이용하여 축척 없는 지도의 축척을 산출한다.

제3절 도표척도를 이용한 지상거리 측정

1. 개 요

가. 지도상 거리를 지상거리로 측정하기 위해서는 지도 난외주기 하단의 도표척도를 사용하는 방법이 있다.

나. 정확한 도상거리 측정을 위해서는 자와 같은 측정도구가 있어야 한다. 만일 측정도구가 없을 시는 지도 난외주기 하단의 도표척도를 이용하면 된다.

다. 도표척도는 도상거리를 실제 지상거리로 환산할 수 있게 지도에 인쇄된 자(尺)이다.

라. 도표척도는 통상 미터, 마일, 해리 등의 거리 측정단위로 표시되어 있다.

마. 도표척도는 측정단위 0을 중심으로 우측으로 Km, 법정마일, 해리 단위

로 표시되어 있는 것이 주척도, 0표시 좌측으로 주척도 측정단위 1/10으로 등분되어 있는 것이 부척도이다.

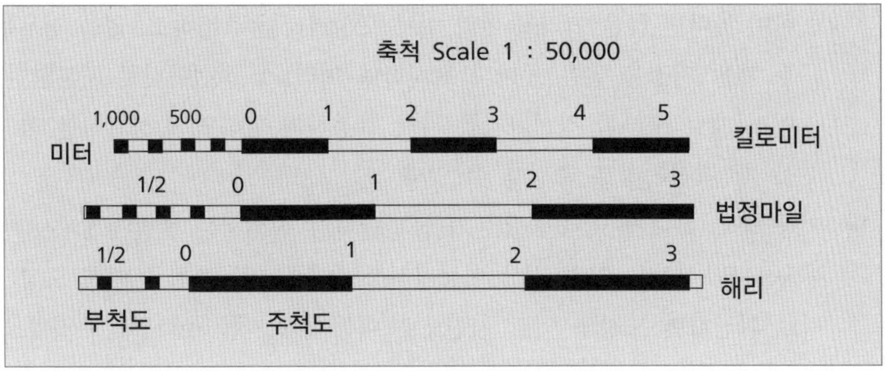

[그림 18] 도표 척도

2. 도표척도를 이용한 지상거리 측정

가. 직선거리 측정요령

1) 지도상에서 측정하고자 하는 두 개의 지점을 결정한다.
2) 한 쪽 면이 곧은 종이나 막대, 실 등을 이용하여 두 지점간의 도상거리를 측정한다.
3) 측정된 도상거리를 지도 난외주기 하단의 도표척도를 이용하여 지상거리로 환산한다.
4) 만일 거리측정 단위가 미터가 아닌 마일이나 해리로 환산해야 할 경우 해당 측정단위의 지도하단의 난외주기상 도표척도를 활용하여 측정한다.

나. 곡선거리 측정요령

1) 도로나 하천 등과 같이 곡선으로 된 거리 측정 시에는 지도상에서 측정하고자 하는 두 개의 지점을 먼저 결정한다.
2) 측정하고자 하는 두 개의 지점을 직선으로 곧게 펼쳤을 때의 도상거리를

측정한 후 직선거리 측정방법과 동일하게 도표척도를 이용하여 지상거리로 환산한다.

3) 도상에서 곡선 거리를 곧게 펼친 직선거리로 측정하는 방법은 아래와 같다.

가) 실이 있다면 굽은 거리를 따라 실로 도상거리를 측정하고, 없을 경우는 두 개의 지점을 굽은 곳마다 표시하여 여러 개 직선마디로 구분한다.

나) 여러 개로 구분한 직선마디를 각각 측정하여 합하면 곡선거리를 펼쳤을 때 직선거리로 측정할 수 있다.

다. 이동 중인 부대가 어디에 있는가를 판단하기 위해서는 출발지점에서 이동속도 및 시간을 고려 지상 이동거리를 산출한 후, 축척을 이용 도상거리로 환산하면 도상의 어느 지점으로 이동 중인가를 추측할 수 있다.

제6장
방 향

제1절 개 요

1. 방향의 정의

가. 방향이란 어느 한 지점을 기준으로 지시하고자 하는 지점에 이르는 쪽 또는 향하는 쪽을 말하는 것으로 방위라고도 한다.

나. 방향을 나타내는데 기준은 자기 자신이 위치한 지점이나 측정의 중심이 되는 지점이다.

2. 방향의 종류

방향의 종류에는 지리적, 개략적, 시계, 정밀 방향이 있다.

가. 지리적 방향

우리가 일반적으로 사용하는 동 · 서 · 남 · 북 4개의 방향과 이것을 세분화해서 16개 방향으로 표시한 것이다.

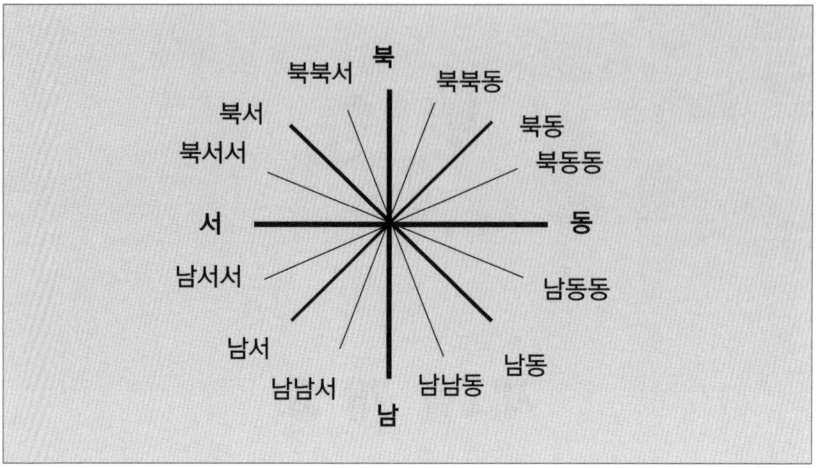

[그림 19] 지리적 방향

나. 개략적인 방향

관측자 위치를 기준으로 앞을 전방, 뒤를 후방, 왼쪽을 좌측방, 오른쪽을 우측방 등으로 가리키는 방향이다.

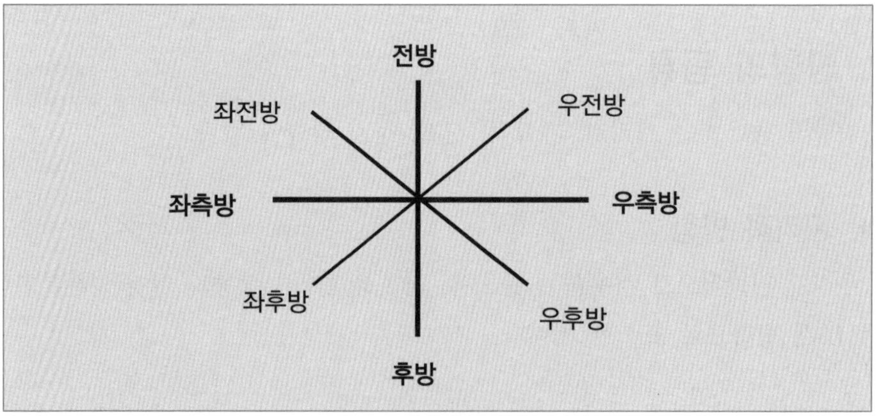

[그림 20] 개략적 방향

다. 시계 방향

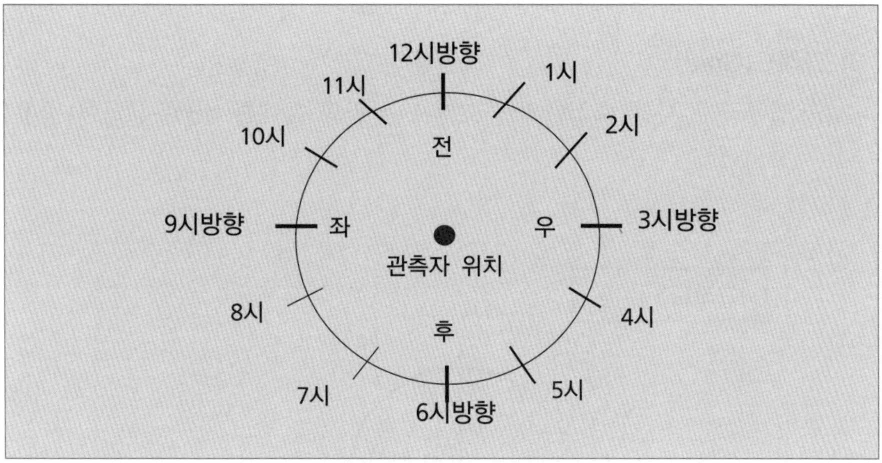

[그림 21] 시계방향

라. 정밀 방향

정밀방향은 도(°), 밀(Mil), 그래드(Grad) 등과 같이 방향의 측정단위를 이용하여 정밀하게 가리키는 방향을 말한다.

1) 도(°)

원의 둘레를 360등분하여 방향을 도(°)로써 가리키는 것으로 1도는 다시 60분(′)으로 세분화 하고 1분은 60초(″)로 세분화 하여 방향을 표시한다.

※ 0°/360° 방향: 전방, 180° 방향: 후방, 90° 방향: 우측방, 270° 방향: 좌측방

2) 밀(Mil)

가) 원의 둘레를 6400등분하여 방향을 밀(Mil)로써 가리키는 것으로 통상 포병, 전차, 박격포 사격술 등에 적용한다.

※ 0°/6,400밀: 전방, 1,600밀: 우측방, 3,200밀: 후방, 4,800밀: 좌측방

나) 1밀의 변화는 기준지점으로부터 1Km 되는 거리에서 1m만큼의 편차가

발생한다.

다) 1°는 약 17.8밀 (6,400밀 ÷ 360° = 17.7777... ≒ 17.8)이다.

3) 그래드(Grad)

가) 일부국가 사용 측정단위인 그래드는 원의 둘레를 400등분하여 방향을 가리킨다.

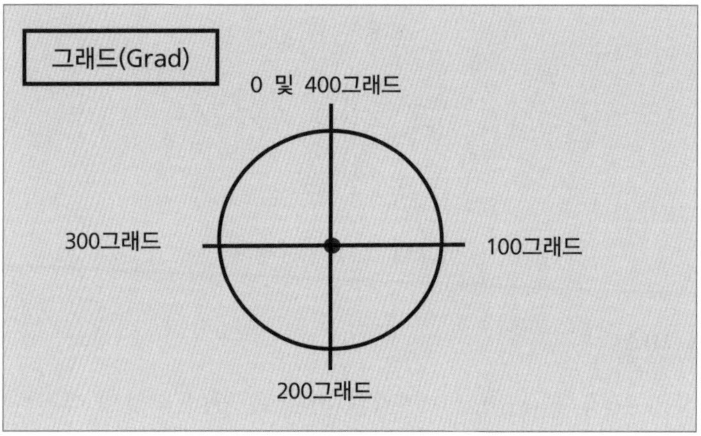

[그림 22] 정밀방향 중 그래드(Grad)

나) 1그래드는 100Cm로 세분화하고, 1Cm는 다시 10mm로 세분하여 방향을 가리킨다.

※ 100그래드 : 우측방, 300그래드 : 좌측방 등

3. 기본방향

가. 개 요

1) 어떤 방향을 측정하기 위해서는 기준이 되는(0) 기점이 있어야 하는데 방향에서 "0"이 되는 기준방향을 기본방향(基本方向)이라고 한다.

2) 방향에서는 북쪽을 기본방향으로 지정하여 방향을 표시하며, 북쪽을 향하는 기본방향에는 자북, 도북, 진북이 있다.

나. 자북(磁北 Magnetic North)

1) 나침반이 가리키는 북쪽으로써 나침반은 항상 캐나다 북쪽 "허드슨 만" 부근의 "부샤 반도"지역을 가리킨다. 이는 그 지역이 지구에서 가장 강한 천연적 자력지대이기 때문이다.

2) 자북을 표시하는 기호는 반 화살표(▶)를 사용한다.

다. 도북(圖北 Grid North)

1) 지도상의 북쪽으로써 지도 제작 시 UTM 좌표체계에 의해 중앙자오선과 평행하게 그은 횡좌표선의 위쪽 방향이다.

2) 도북을 표시하는 기호는 "GN"이라는 영문자를 사용한다.

라. 진북(진북 True North)

1) 지리적으로 북극이 위치한 지점이며 지리좌표의 경도자오선이 모이는 점인데, 진북을 표시하는 기호는 북극성을 상징하는 별(★)을 사용한다.

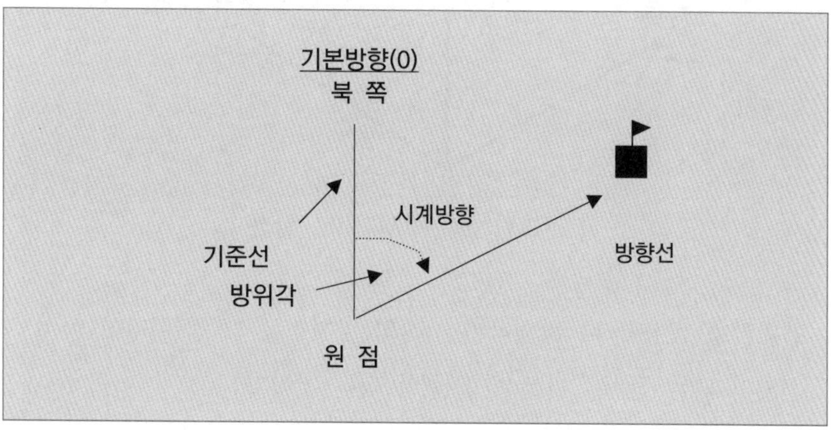

[그림 23] 기본 방향

2) 한반도 지역의 경우 진북은 동경 120°~126°의 중앙자오선인 동경 123°와 129° 방향이다.

마. 진북, 자북, 도북 방향이 지역에 따라 상이한 것은 상기 나, 다, 라 항에

서 설명한 것처럼 각각의 방향이 가리키는 북쪽이 상이하게 때문에 나타나는 자연적인 현상이다.

제2절 방 위 각

1. 개 요

가. 방위각이란 기본방향을 기준으로 시계방향으로 측정한 수평각을 말한다.

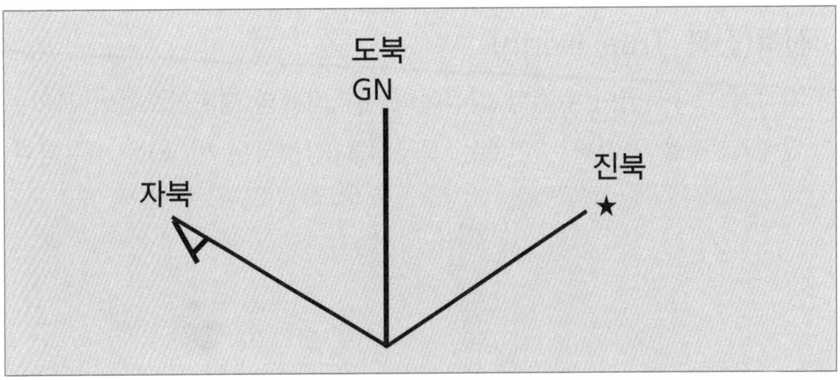

[그림 24] 방위각 및 원점

나. 방위각을 측정할 때 방위각이 시작되는 지점을 "원점"이라고 하며, 기준선(0이 되는 선)은 "기본 방향선"이 되는 것이다.

다. 방위각의 종류

1) 자북 방위각: 자북방향을 기준으로 측정한 방위각으로 나침반이나 군사지도에 표기된 자북방향을 이용하여 측정한 방위각
2) 도북 방위각: 도북방향을 기준으로 측정한 방위각으로 군사지도의 횡 좌표선을 이용하여 측정한 방위각

3) 진북 방위각: 진북방향을 기준선으로 측정한 방위각으로 지리좌표의 경도선이나 군사지도에 표기된 진북방향을 이용하여 측정한 방위각

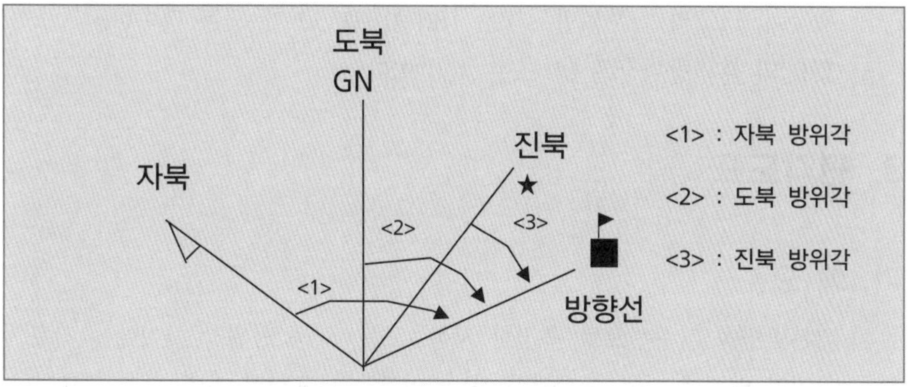

[그림 25] 기본 방위각

2. 후퇴방위각

가. 후퇴방위각은 방위각의 반대방향 방위각이다. 이때 방위각은 후퇴방위각과 구분하기 위해 전방방위각이라고도 한다.

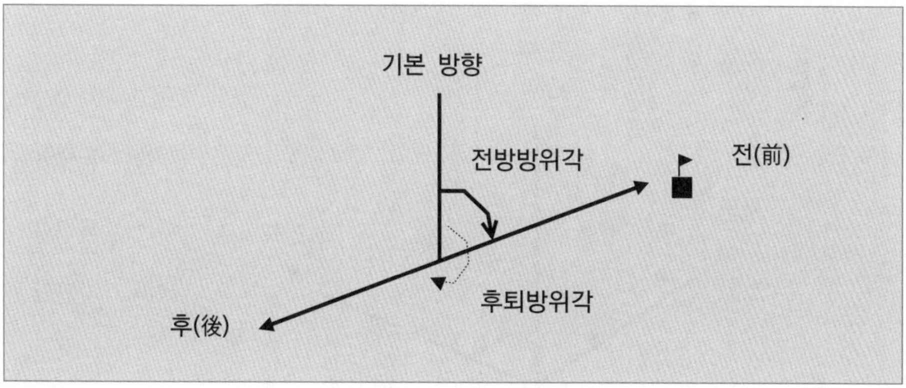

[그림 26] 후퇴방위각

나. 후퇴방위각 산출 방법

1) 위의 그림과 같이 방위각과 후퇴방위각은 180° 차이가 나는데 후퇴방위각이 180° 또는 그 이하일 경우는 180°를 더하여 주고 방위각이 180°

또는 그 이상일 경우는 180°를 감해 준다.

2) 예를 들어 방위각이 45°이면 후퇴방위각은 180°를 더한 225°가 되고, 방위각이 230°라면 후퇴방위각은 180°를 뺀 50°가 되는 것이다.

3) 180°의 후퇴방위각은 0° 또는 360°이다.

3. 편각도표

가. 개 요

1) 기본방향을 기준선으로 측정한 자북, 도북, 진북 방위각 사이에는 각도의 차이가 있는데 이를 편각이라 하며, 이것을 도표화한 것이 편각 도표이다.

2) 편각의 종류

편각의 종류에는 도자각, 도편각, 자편각이 있으며, 각 편각 사이의 각도 차이 수치는 지도의 하단 난외주기에 표시되어 있다.

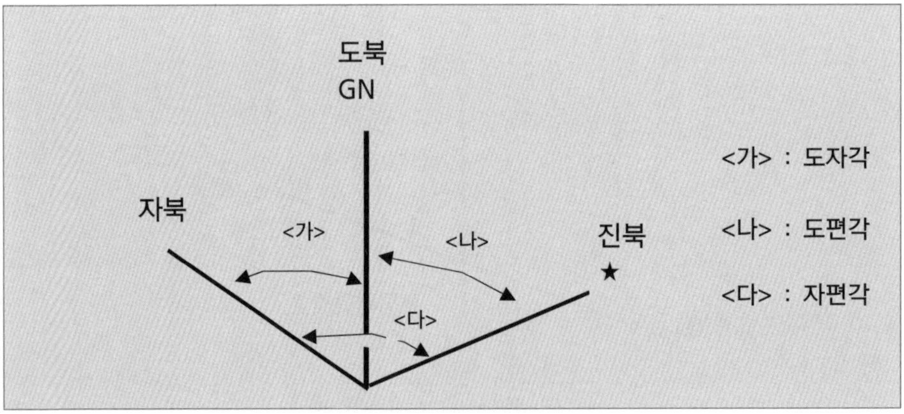

[그림 27] 편각과 편각도표

나. 도자각

1) 도자각은 도북 방위각과 자북 방위각 사이의 차이 각으로 지도에 표시된 지역의 도자각은 난외주기 하단에 편각도표와 같이 수치로 표시되어 있다. 이것은 지도에 분도기를 사용하여 측정한 방위각과 실제 지형에서 나

침반을 이용하여 측정한 방위각과의 차이 각을 말한다.

2) 도자각은 불규칙적으로 서쪽방향으로 1'~1.5' 씩 변하고 있으므로 5년 주기로 도자각을 수정연도와 함께 수정하게 된다.

3) 도북 방위각을 자북 방위각으로, 자북 방위각을 도북 방위각으로 변경하는 것을 "방위각 변경"이라 하는데 방위각 변경은 먼저 지도의 난외주기 편각 도표에 제시된 도자각 수치와 도북, 자북 방위각 중 어느 방위각이 더 큰 방위각인지를 확인하고 도자각 만큼 더하거나 빼주면 된다.

4) 도자각의 크기는 지역에 따라 다른데 한반도 지역의 경우는 대략 6°~8°로 표시되며, 자북은 항상 도북의 서쪽이므로 항상 자북 방위각이 도북 방위각보다 그 지역의 도자각 만큼 크다. 따라서 우리나라는 어느 지역이든 자북을 도북 방위각으로 변경하기 위해서는 자북방위각에서 도자각 만큼 빼주고 도북을 자북 방위각으로 환산하기 위해서는 도북 방위각에서 도자각 더해주면 된다.

다. 도편각

도편각이란 진북과 도북의 차이 각을 말한다.

라. 자편각

자북과 진북의 차이 각을 말하며, 진북이 도북의 서쪽에 있을 경우 도자각에서 도편각을 뺀 값이고, 진북이 도북의 동쪽에 있을 경우는 도자각과 도편각을 합한 값이 자편각이 된다.

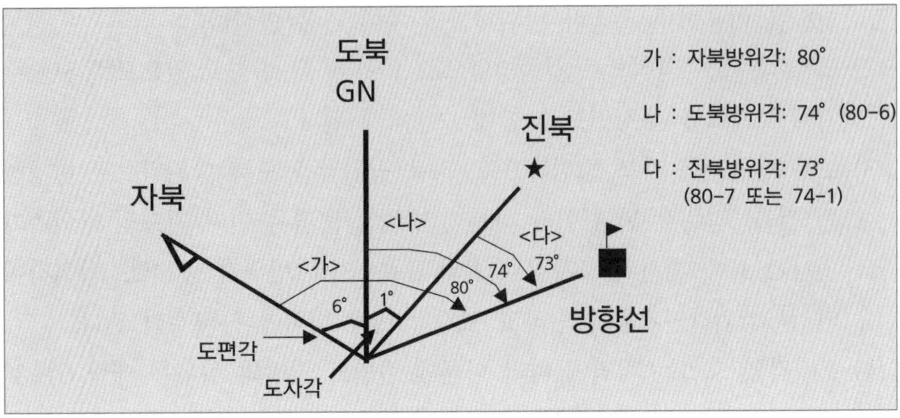

[그림 28] 방위각 산출

마. 편각 도표는 지도에 표시된 지역의 정확한 자북, 도북, 진북 방향을 제시해 주고 편각 사이의 차이 각이 표기되어 자북 방위각과 도북 방위각을 서로 변경하는데 이용된다.

제3절 방향확인 및 지도판독 보조기구 활용법

1. 개 요

방향을 확인하기 위한 기구로는 통상 나침반과 분도기를 사용하며, 지도판독 보조기구로는 독도경과 최근 보급된 휴대용 위치 식별기(PLGR-Ⅱ[12])를 사용한다.

2. 나침반(羅針盤)

나침반은 자침이 북쪽을 가리키는 성질을 이용하여 방향을 알 수 있도록 만든 기구로써 군대에서는 M1(렌즈 식), M2 나침반을 사용하고 있다.

12) PLGR-Ⅱ: Precision(정밀,) Lightweight(경량), GPS(범세계위치식별체계), Receiver(수신)

가. M1 나침반

1) M1 나침반은 방위각 측정과 방향확인 및 방향 유지를 위해 사용된다.
2) M1 나침반은 덮개와 몸통으로 구분되어 있으며, 주요부분 명칭과 용도는 아래와 같다.

가) 손잡이

손잡이는 나침반을 열 때, 나침반의 덮개를 고정시키고 있는 "ㄷ"자형 철사이다. 나침반을 사용 시 손잡이를 펴서 엄지와 검지를 이용하여 방위각 측정과 방향을 유지하는데 사용하며, 사용 후에는 덮개를 닫고 이를 고정시키며 휴대 시 분실 방지끈 등을 연결하는데 쓰인다.

나) 렌즈 뭉치

나침반의 뚜껑을 열면 소총의 가늠자처럼 생긴 검은색 렌즈뭉치가 있는데 중앙에 있는 확대경은 가동유리판 내의 검정 지표선이나 방위각을 확대해서 읽게 해주고 렌즈 뭉치 상단의 일자형 홈이 가늠구멍이다. 이것은 가늠 줄이나 야광조준점을 활용하여 목표를 지향하거나 조준을 할 때 사용된다.

다) 가동 유리판

나침반 몸통 외부의 클릭 원판, 야광선 및 야광 점과 방위각, 방향이 표기되어 있는 유리판으로 주간이나 야간 방위각을 측정하거나 방향을 확인할 때 사용된다.

라) 야광 화살표

나침반 몸통 내의 방향 판에 고정되어 있는 것으로 항상 자북방향을 가리키며, 야광선과 클릭을 활용하여 방위각을 산출할 수 있도록 해 준다.

마) 야광점

야광선의 우측 45°에 위치하고 있으며, 야광 선을 이용하여 방위각 측정 시 보조수단으로 사용한다.

바) 야광선

야간에 목표물의 방위각을 측정 시 활용하는 것으로 목표와 야광조준점, 야광선을 일치시킨 후 클릭원판을 돌려 야광선과 야광화살표를 맞추어 자북 방위각을 산출한다.

사) 검정 지표선

주간에 방향을 지정하고 해당 방위각을 제시해 주는 선을 말한다.

아) 눈금 친 곧은 자

나침반의 덮개를 열었을 때 좌측에 수치화되어 있는 것으로써 작은 눈금과 큰 눈금이 있다. 작은 눈금은 1/5만 지도에 대해 6Km까지 측정할 수 있고, 큰 눈금은 1/2.5만 지도의 2Km까지 측정할 수 있도록 표기되어 있다.

자) 가늠 줄

덮개 가운데 홈이 파져 있는 곳에 연결된 철사 줄로써 목표를 조준하기 위해 사용된다.

차) 야광조준점

야간에 가늠 줄이 보이지 않기 때문에 야간 목표물 조준 시 사용된다.

3) M1 나침반 파지 요령

렌즈 식 나침반을 이용하여 방향을 유지하거나 방위각을 측정할 때에는 항상 수평을 유지하고 견고하게 고정시켜 사용한다.

가) 엄지와 검지손가락을 이용한 파지 방법

(1) 방위각 측정 시 주로 사용하는 파지 법으로 엄지를 "ㄷ"자형 철사로 된 손잡이에 끼우고 검지를 나침반 밑 부분 측면을 따라 쭉 뻗고 나머지 손가락을 가볍게 쥐어 나침반을 받친 상태에서 다른 손의 손바닥으로 나침반을 잡은 손을 아래에서 위로 감싸서 양손으로 나침반을 파지

하는 방법이다.

(2) 위에서와 같이 나침반을 파지한 상태에서 양손을 얼굴 쪽으로 들어 올려 손잡이에 끼운 엄지를 얼굴의 광대뼈에 갖다 대거나 양손을 자연스럽게 내려서 허리띠 부분에 위치시켜 사용하면 된다.

나) 양손 바닥을 이용한 파지 방법

(1) 나침반 덮개를 몸통과 일직선이 되도록 완전히 펴서 양손의 검지로 나침반의 양측 면을, 양손의 엄지로는 렌즈부분 사이를 감싸 잡고, 양손의 나머지 세 손가락은 가볍게 쥐어 나침반을 아래에서 위로 받친 상태에서 양손을 자연스럽게 내린 후 팔꿈치를 몸 쪽으로 당겨 파지한 나침반을 가슴과 허리띠 중간에 위치시켜 사용하는 방법이다.

(2) 이 방법은 야간이나 방향 유지를 위해 주로 사용하는 방법으로 정확한 방위각 측정이 제한되는 단점을 가지고 있다.

4) M1 나침반 사용요령

가) 주간 방위각 측정

(1) 덮개를 열어 90°로 세우고 몸통부분의 렌즈를 45°로 세운다.

(2) 나침반을 파지한 상태에서 들어 올려 렌즈의 가늠구멍과 덮개의 가늠줄이 방위각을 측정하고자 하는 목표물 방향으로 향하게 한다.

(3) 나침반을 수평으로 유지하고, 렌즈를 통해 가늠구멍과 가늠 줄, 목표물을 일치시킨 상태에서 검정지표선과 일치되는 적색 눈금의 수치를 확인하면 도(°), 방위각을, 흑색 눈금의 수치를 확인하면 밀(Mil) 방위각을 측정할 수 있게 된다.

(4) 이 때 판독한 방위각은 나침반으로 측정한 방위각으로써 자북 방위각이 되는 것이다.

나) 야간 방위각 측정

(1) 덮개를 완전히 열어 몸통과 일직선이 되도록 편 후, 렌즈를 수직으로 세운다.

(2) 가동 유리판을 돌려 야광선과 검정지표선 또는 덮개 부분의 야광조준점과 일치 시킨다.

(3) 야광선과 검정지표선 및 덮개 부분의 야광조준점이 일치된 상태에서 목표물과 야광조준점을 일치 시킨다.

(4) 위의 (3)항의 상태에서 가동유리판의 크리크를 시계반대 방향으로 야광선과 야광화살표가 일치될 때까지 크리크 수를 세면서 돌린다.

(5) 위의 (4)항에서 돌려진 크리크 수에 3을 곱하여 나온 값이 자북 방위각 수치인 것이다. 예를 들어 시계반대 방향으로 15크리크를 돌렸다면 자북 방위각은 45°이다.(가동 유리판 1크리크 = 3°)

다) 나침반을 이용한 지도상 2개 지점 방위각 측정

(1) 먼저 지도를 수평으로 놓고 지도정치를 한 후 측정하고자 하는 2개의 지점을 연결하는 선을 긋는다.

(2) 나침반 덮개를 완전히 열어 몸통과 일직선이 되도록 편 후 렌즈를 수직으로 세운다.

(3) 위와 같이 된 상태에서 나침반 곧은 자가 2개의 지점이 연결 되도록 그은 선과 일치하도록 지도 위에 올려놓는다.

(4) 검정 지표선과 일치되는 적색 눈금 수치는 도(°) 방위각이며, 흑색 눈금 수치는 밀(Mil) 방위각이 되는 것이다.

(5) 이는 지도상에서 측정하여 산출한 방위각이지만 나침반으로 측정한 자북 방위각이 되는 것이며, 도북 방위각을 산출하기 위해서는 도자각을 이용하여 환산하면 된다.

라) 임의의 지점에서 목표물까지 자북방위각과 거리를 알 경우 목표까지의 이동 방법

(1) 먼저 나침반 덮개를 90°로 세우고, 렌즈도 45°로 세운다.
(2) 나침반을 수평으로 유지하고 가동유리판의 검정지표선 하단에 알고 있는 자북방위각 수치가 일치되도록 나침반을 좌, 우로 조정한다.
(3) 렌즈를 통해 가늠 줄 방향으로 알고 있는 거리만큼 이동하면 목표물에 도달하게 된다.

마) 야간에 나침반을 이용 알고 있는 방위각 방향으로 이동하는 방법

(1) 먼저 나침반 덮개를 완전히 편 상태로 렌즈를 수직으로 세운다.
(2) 야광선과 검정지표 선을 일치시킨다.
(3) 알고 있는 자북방위각 수치를 3으로 나누어 가동유리판의 크리크 수로 환산한다.
(4) 환산한 크리크 수만큼 가동유리판을 시계 반대방향으로 돌린다.
(5) 나침반을 수평을 유지한 상태로 좌, 우로 움직여 야광선과 야광화살표를 일치시킨다.
(6) 위의 상태로 가늠 줄 상, 하단의 야광조준점 방향이 이동하고자 하는 목표물 방향이다.
(7) 목표물 방향으로 이동 시에는 식별이 용이한 중간지점을 선정한 후 후퇴 방위각을 이용하여 이동방향을 확인하면서 구간 전진을 시행한다.

나. M2 나침반

M2 나침반은 방위각 또는 고저각을 측정하는데 사용된다.

1) M2 나침반의 구조

M2 나침반의 구조는 몸통뭉치, 고저각 측정기, 고저수포, 자침 및 자침 멈치, 방위각 눈금 및 방위각 조정나사, 앞 조준홈, 뒷 조준홈으로 구성되어 있다.

(가) 몸통뭉치

몸통뭉치는 나침반의 모든 부분을 보호하고 있는 밑 부분과 덮개로 구분된다. 밑 부분은 내부의 자침, 원형수포, 고저수포, 방위각 눈금을 보호할 수 있도록 유리로 덮여져 있고, 뒷 조준홈 손잡이가 결합되어 있다. 덮개 내부에는 원형거울과 앞 조준홈이 부착되어 있는 것이 특징이다.

(나) 고저각 측정기

고저각 측정기는 나침반 몸통 내부에 있으며, 원형수포와 밑바닥에 20미리 간격으로 0~1200밀까지 숫자가 새겨져 있고, 고저각을 측정할 때는 앞 조준홈과 뒷 조준홈으로 측정하고자 하는 물체에 조준하면서 고저수포를 맞춘 후 지표가 가리키는 밀 눈금을 읽으면 된다.

(다) 자침 및 자침멈치

자침은 자성을 가진 바늘로 되어있고, 북쪽을 가리키는 바늘 끝에 백색페인트가 칠해져 있다. 자침바늘의 평행 추에는 동선이 감겨져 있으며, 자침을 받쳐주는 축은 작은 보석틀로 되어 있다. 나침반 몸통 상부의 테두리에 약간 올라온 것을 자침 멈치라 하며 이것은 자침의 보석틀과 연결되어 있어 덮개를 닫으면 자침 멈치가 눌러져 자동적으로 나침반 유리에 고정된다.

(라) 방위각 눈금 및 방위각 조정나사

방위각 눈금은 나침반 몸통 둘레에 부착되어 있는 원형 돌림판인데 이 방위각 눈금은 0~6400밀까지 표시되어 있으며, 눈금 1개는 20밀이고 200밀 단위로 숫자가 새겨져 있다. 방위각 조정나사는 나침반 몸통외부에 나사로 되어 있으며 이 나사를 회전시키게 되면 방위각 판이 회전하는데 회전범위는 좌우 900밀까지 회전할 수 있으며 방위각 지표를 0 또는 자북편차, 도북편차 등에 맞추어 포를 방렬하거나 지도를 정치하는데 사용한다.

(마) 앞 조준홈 및 뒷 조준홈

앞 조준홈과 뒷 조준홈은 목표를 조준하거나 방위각을 측정할 때 사용된다.

다. 나침반 사용 및 취급 시 주의사항

1) 나침반은 주의해서 사용해야 하는데 숫자판은 정밀한 균형을 이룰 수 있도록 장치되어 있어 적은 충격에도 손상을 입기 쉬우므로 특별히 주의해야 한다.
2) 나침반은 사용하지 않을 때는 반드시 뚜껑을 닫아서 잘 보관해야 한다.
3) 어두운 곳에서 사용 시는 가능한 밝을 때 최초 방위각을 맞추어 두어야 하는데, 이 최초 방위각을 기초로 가동유리판의 크리크 수를 조정함으로써 방위각을 구할 수 있다.
4) 나침반 사용 시 철물이나 전선에 가까이 해서는 안 되며, 기능보장을 위한 안전거리는 아래와 같다.

- 고압전선 -- 60m
- 전차, 야포, 트럭 ---------------------------------- 20m
- 통신, 전화선, 철조망 ------------------------------ 10m
- 화기류(소총, 기관총, 무반동총, 박격포) --------------- 2m
- 철모, 대검 -- 0.5m
- 비 자석/합금 -------------------------------------- 영향 무

3. 각도기(角度器)

각도기는 각도를 측정하는 도구로써 분도기(分度器)[13]라고도 한다.

가. 각도기의 종류

각도기는 원형, 반원형, 정방형 등이 있으나 통상 반원형 각도기를 가장 많이 사용한다.

---

13) 분도기(分度器) : 각도기의 과거 구 용어

나. 외부 명칭

1) 지 표

각도기의 모든 방향선이 사방으로 퍼지는 원의 중심점이다.

2) 눈 금

각도기의 가장자리를 따라 각도기의 측정단위인 도(°), 밀(Mil) 단위로 새겨진 수치이며, 각도기 안쪽에 새겨진 적색 눈금과 수치는 도(°), 각도기 둘레(바깥쪽)에 새겨진 눈금과 수치는 밀(Mil)이다.

3) 지 표 선

각도기 눈금의 0과 지표, 그리고 각도기 눈금 단위의 1/2 수치를 연결한 선이며, 이 때 1/2수치 지점은 각도기 눈금 단위가 도이면 180°, 밀이면 3200밀 지점임을 나타낸다.

다. 각도기 사용방법

1) 지도상의 1개 지점에서 다른 지점에 대한 도북 방위각 측정

가) 지도를 평행한 곳에 놓고 두 지점을 연결하는 선을 그린다.

나) 각도기의 지표를 방위각을 측정하고자 하는 1개 지점과 일치시킨 상태에서 각도기의 지표선과 지도의 횡좌표선(도북선)이 평행되게 한다.

다) 위와 같은 상태에서 가)항에서 연결한 선과 각도기의 눈금이 일치하는 방위각 수치가 도북 방위각인 것이다.

2) 지도상의 알고 있는 1개 지점에서 도북 방위각과 거리를 이용 목표물 식별법

가) 지도상 알고 있는 지점과 각도기의 지표를 일치시킨 상태에서 지도의 횡좌표선과 각도기의 지표선이 평행하도록 각도기를 지도위에 올려놓는다.

나) 각도기의 지표와 도북 방위각 수치에 해당하는 눈금을 연결하는 선을 그리면 이 선이 도북 방위각 선이 된다.

다) 목표물까지의 거리를 축척을 이용하여 도상거리로 환산한다.

라) 위의 가)에서 각도기 지표와 일치시킨 지도상의 알고 있는 지점에서 도북 방위각 선을 따라 위 다)에서 환산한 도상거리만큼 이동한 지점이 목표물이 위치한 지점이 되는 것이다.

4. K-34 독도경

가. 개 요

독도경은 확대경을 통하여 지도를 1.7배율로 확대해 볼 수 있는데, 자체 발광체가 부착되어 야간에도 지도를 판독할 수 있고, 거리와 방위각 측정이 쉽도록 제작된 장비이다.

나. K-34 독도경의 외부명칭은 몸통과 렌즈, 방위각 및 눈금판으로 구성되어 있는데, 세부적인 기능과 사용요령, 주의사항 등은 실무에서 학습하기로 한다.

제4절 지도정치(地圖正置)

1. 개 요

가. 지도정치란 지도를 수평으로 놓고 지도상의 남과 북쪽 방향을 실제 지형의 남과 북쪽 방향과 일치시키는 것을 말한다. 즉, 지도상에 표시된 방향과 실제 지형의 방향을 일치시키는 것이다.

나. 지도상에 표시된 방향과 실제 지형의 방향을 일치시켜서 지도를 사용하면 지도상 자신의 위치와 다른 지점의 목표물의 방향과 위치를 쉽게 식별할 수 있다.

다. 지도 정치방법에는 자북선에 의한 방법, 도북선에 의한 방법, 지형지물에 의한 방법 등이 있다.

2. 자북선에 의한 지도정치

자북선에 의한 지도정치는 나침반과 지도 난외주기 하단의 편각도표에 표시된 자북 방위각 선을 사용하는 것으로 방법은 아래와 같다.

가. 지도를 수평하고 놓고 나침반은 덮개를 완전히 펴서 일직선이 되게 한 후 렌즈를 세워 작동이 되게 한다.

나. 지도 난외주기 하단 편각도표에 표시된 자북선에 나침반의 눈금 친 곧은 자가 일치하도록 올려놓는다. 이 때 나침반의 덮개가 지도의 도엽명 방향을 향하게 한다.

다. 지도와 나침반을 동시에 돌려서 나침반의 검정지표선과 야광화살표를 일치 시키는데 이 때 자북선과 나침반의 눈금 친 곧은 자는 계속 일치된 상태를 유지하여야 한다.

라. 나침반의 자북방향(야광화살표 방향)과 지도의 자북선이 일치하면 자북선에 의한 지도정치가 완료되는 것이다.

3. 도북선에 의한 지도정치

도북선에 의한 지도정치는 나침반과 지도의 도북선(횡좌표선)을 사용하는 것인데 방법은 아래와 같다.

가. 지도를 수평이 되게 놓고 나침반은 덮개를 완전히 펴서 일직선이 되게 한 후 렌즈를 세워 작동이 되게 한다.

나. 지도 난외주기 하단의 편각도표에 표시된 도북선이나 횡 좌표선에 나침반의 눈금 친 곧은 자를 일치시킨다. 이 때 나침반의 덮개가 지도의 도엽명 방향으로 향하게 한다.

다. 지도와 나침반을 동시에 돌려서 나침반의 검정지표선과 그 지역에 해당하는 도자각을 일치시킨다. 이 때 도북선 또는 횡좌표선과 나침반의 눈금 친 곧은 자는 계속 일치상태를 유지하여야 한다.

라. 지도의 도북선 방향과 그 지역의 도자각 방향이 일치하면 도북선에 의한 지도정치는 완료된다.

4. 지형지물에 의한 지도정치

지형지물에 의한 지도정치는 나침반을 휴대하지 못했거나 사용할 수 없을 경우에 사용하는 방법으로 아래와 같다.

가. 지도나 실제 지형에서 모두 식별 가능한 지형지물을 선정하는데 도로, 철도, 하천, 고압선 등과 같이 일련의 선으로 형성된 현저한 지형지물이 좋다.

나. 선정된 지형지물의 방향과 지도에 표시된 방향을 일치시키면 지형지물에 의한 지도정치가 되는 것이다.

다. 지형지물에 의한 지도정치의 정확도를 높이기 위해서는 사용자가 지도정치를 위해 선정한 지형지물의 한 지점에 위치하여 주변 지형과 비교하여 직접 눈으로 확인하면서 실제 지형에서의 방향과 지도에 표시된 방향과 일치시키면 된다.

제5절 교회법(郊回法)

1. 개 요

가. 교회법이란 알고 있는 2개 이상의 지점을 이용하여 모르는 지점의 위치를 알아내는 것을 말한다.

나. 교회법에는 전방교회법, 후방교회법, 1개선에 의한 위치발견 방법이 있다.

2. 전방교회법

전방교회법은 지도상에서 자신의 위치는 알고 있는데 알고자 하는 지점의 정확한 위치를 지도상에서 찾고자 할 때 사용하는 방법이다. 따라서 이 방법은 지도상에서 자신의 위치를 2개 이상 정확하게 표시할 수 있고, 실제 지형에서 관측 가능한 지점을 지도상에 정확한 위치를 표시하고자 할 경우 사용된다.

가. 지도와 나침반을 이용하는 방법

1) 지도정치를 한 후 자기 위치를 지도상에 점을 찍어 표시한다.

2) 나침반으로 알고자 하는 지점에 대한 자북방위각을 측정한다.

3) 지도상에 표시된 자기 위치로부터 나침반을 이용 측정된 자북 방위각 선을 그린다. 만일 각도기를 사용 시는 자북방위각을 도북 방위각으로 환산 후 지도위에 도북 방위각 선을 그린다.

4) 알고자 하는 지점을 관측할 수 있는 다른 지점으로 이동하여 지도정치를 하고 지도상에 자신의 위치를 표시한다.

5) 새로 이동한 지점에서 알고자 하는 지점까지 자북방위각을 측정 후 동일한 방법으로 지도위에 자북방위각 선이나 도북 방위각 선을 그린다.

6) 위와 같이 하여 지도에 그려진 2개의 자북방위각 또는 도북 방위각 선이 교차되어 만나는 지점이 알고자 하는 지도상 지점이다.

나. 곧은 자를 이용하는 방법

1) 나침반을 사용하기 어려운 경우 지도와 실제 지형에 의한 방법으로 지도를 평탄한 곳에 놓고 지도를 정치한다.
2) 지도상에 자신의 위치를 표시한다.
3) 지도상 표시한 자기위치에 곧은 자의 한 쪽 끝을 일치시킨 후 다른 한 쪽 끝은 실제 지형의 알고자 하는 지점을 향하게 한다.
4) 자를 따라 선을 그린다.
5) 다른 새로운 지점으로 이동하여 위의 내용과 동일하게 반복하여 선을 그린다.
6) 2 개의 선이 교차하는 지점이 알고자 하는 지점의 지도상 지점인 것이다.

3. 후방교회법

후방교회법은 자신의 현재 위치가 정확하게 지도상에서 어느 지점인지를 알고자 할 때 사용하는 방법으로 이는 현재 나의 위치를 지도상에서 모르고 있으나 실제지형에서 2개 이상의 지점을 식별할 수 있고, 식별한 지점을 지도상에서 찾을 수 있을 때 사용한다.

가. 지도와 나침반에 의한 방법

1) 지도를 정치한다.
2) 주변의 지형지물 중 실 지형에서 찾을 수 있고 지도상에 식별하여 표시할 수 있는 2개 이상의 지점을 선정한 후 지도상에 표시한다.
3) 나침반을 이용하여 선정한 2개 지점에 대한 자북 방위각을 측정하여 도북방위각으로 환산 후 후퇴 방위각을 각각 계산한다.
4) 선정한 지도상 1개 지점을 기준으로 계산한 후퇴 방위각 방향으로 분도기와 자를 이용하여 선을 그린다.
5) 2개 이상의 다른 지점에서 각각 후퇴 방위각 선을 그려 만나는 지점이 지도상에서 찾고자 하는 자신의 위치인 것이다.

나. 곧은 자에 의한 방법

1) 나침반을 사용할 수 없을 경우 지도와 실제 지형에 의한 방법으로 지도를 평평한 곳에 위치시킨 후 지형지물을 이용하여 지도를 정치한다.
2) 실제 지형에서 식별이 가능한 지형지물을 2개 이상 선정하여 지도상에서 찾아 표시한다.
3) 자(尺)의 중앙 부분이 표시한 지형지물 지점의 한 지점에 일치시키고 자의 한 쪽 방향이 실제 지형지물 방향으로 향하게 한 상태에서 자의 한 쪽 면을 따라 선을 그린다.
4) 표시한 지형지물의 다른 제 2, 3의 지점에서 3)에서와 같이 동일하게 선을 그린다.
5) 2개 이상의 선을 그어 교차되는 지점이 자신의 위치인 것이다.

4. 1개 선에 의한 위치발견 방법

가. 1개 선에 의한 원거리 지점의 위치발견

자신의 위치를 지도상에 정확하게 표시할 수 있고 식별하고자 하는 목표물이 실제 지형에서 도로, 하천, 철도, 제방 등과 같은 선형(線形)의 지형지물에 위치하고 있을 때 지도상에서 목표물의 정확한 자기 위치를 찾아내는 방법이다.

1) 자기 위치를 지도에 표시한다.
2) 실제 지형의 자기 위치에서 나침반으로 선형 지형지물에 위치한 목표물까지 자북 방위각을 측정한 후 도북 방위각으로 방위각을 환산한다.
3) 표시한 지도상의 자기 위치를 기준점으로 하여 산출한 도북 방위각 방향으로 선을 그린다.
4) 위에서 그린 도북 방위각 선과 선형 지형지물의 어느 한 선상과 교차 시켰을 때, 만나는 지점이 지도상에서 찾고자 하는 지점인 것이다.

나. 1개선에 의한 자기 위치발견

자신이 도로, 하천, 철도, 제방 뚝 등과 같은 선형의 지형지물에 위치하고 있을 경우 지도상에서 정확히 자신의 위치를 찾아내는 방법이다.

1) 실제 지형에서 식별이 가능하고 지도에 표시되어 있는 지형지물의 한 지점을 선정 표시한다.
2) 선정한 지점을 나침반으로 자북 방위각을 측정하여 도북 방위각으로 환산한 후 후퇴방위각을 계산한다.
3) 위 1)에서 표시한 지점과 2)에서 산출한 후퇴방위각 방향으로 선을 그린다.
4) 선형 지형지물과 위3)에서 그린 후퇴방위각선이 교차되는 지점이 지도상에서 정확한 자신의 위치인 것이다.

5. 교회법 적용이 곤란할 때 조치요령

깊은 계곡에서는 관측범위가 제한되고, 사람이 거주하지 않는 넓은 개활지에서는 지형지물 식별이 곤란하여 교회법을 적용하기 어려운 특수한 상황이 발생되기도 하는데 이런 경우 아래와 같이 조치하면 된다.

가. 가능한 주위보다 고도가 높은 지역으로 이동하며, 특히 계곡에서는 어느 정도 관측이 가능한 고지 정상이나 능선부근으로 이동한다.
나. 주변보다 높은 지역에서 지도정치를 한다.
다. 전, 후, 좌, 우를 살펴봐서 식별이 되는 지형지물을 선정한다. 이 때 고지나 도로, 하천, 고압선, 철도, 마을, 저수지 등이 식별된다면 더욱더 쉽게 된다.
라. 실제 지형에서 식별한 지형지물의 위치와 지도에 표시된 기호의 위치를 동, 서, 남, 북 방향으로 비교하여 대략적인 자신의 위치를 판단 한다.
마. 자신이 위치한 주변 실제 지형의 기복형태와 지형지물을 지도상에 표시된 기호와 색채 등을 확인 비교하여 정확한 자신의 위치를 찾는다.

제6절 야전편법(野戰便法)에 의한 방향결정

1. 개 요

가. 야전에서 방향을 결정하고, 이동 간 방향을 유지하고자 할 때 지도와 나침반과 같은 도구를 사용할 수 있다면 지도정치와 교회법 등을 활용하여 방향을 결정하고 이동방향을 유지할 수 있다.

나. 지도나 나침반이 없거나 사용이 불가능할 경우는 야전에서 쉽게 획득하거나 활용할 수 있는 도구와 자연현상 등을 이용한 야전편법에 따라 방향을 결정하여 이동방향을 유지하여야 한다.

다. 야전편법에 의한 방향결정은 개인의 경험이나 능력, 작전지역 숙달 정도에 따라 다양한 방법을 창의적으로 개발하여 활용할 수 있는데 여기서는 공통사항만을 다루기로 한다.

2. 주간 방향결정

가. 그림자를 이용한 방향과 시간결정

이 방법은 태양이 동쪽에서 떠서 서쪽으로 지고, 그림자는 태양광선의 반대 방향에 생기는 원리를 이용하여 개략적인 방향과 시간을 결정하는 것이다.

1) 그림자가 선명하게 나타날 수 있는 지면에 곧은 막대기나 나뭇가지를 세운 후 최초 나타난 그림자 끝 지점에 표시를 한다.

2) 그림자가 10cm 정도 움직일 때 두 번째 생기는 그림자 끝에 표시를 한다. 120Cm 길이의 막대기를 세웠을 때 10Cm 움직이는데 소요시간은 통상 10분이다.

3) 위 1), 2)에서 표시한 2개의 그림자 끝 지점을 연결하면 최초 그림자 끝을 표시한 방향이 서쪽이며, 두 번째 그림자 끝을 표시한 방향이 동쪽이 되는 것이다.

4) 2개의 그림자 끝을 연결 후 동, 서 방향 선에 직각이 되는 선을 그리면

남, 북 방향도 찾을 수 있다.

5) 동, 서, 남, 북 방향을 찾고, 현재 개략적인 시간을 알기위한 방법은 아래와 같다.
   (가) 위 4)에서 동, 서, 남, 북 방향을 결정하기 위해 그린 십자표시의 중앙에 곧은 막대기를 수직으로 지면에 세운다. 이 때 세운 막대기의 그림자가 시계의 시침역할을 하는 것이다.
   (나) 동, 서 방향선의 서쪽 부분은 06:00를 가리키고 동쪽 부분은 18:00를 가리키며, 남, 북 선은 00:00와 12:00를 가리킨다.
   (다) 곧은 막대기를 세운 십자표시의 중앙을 원점으로 일정한 크기의 반원을 그려 12시간으로 균등히 나누고 06:00~18:00 수치를 부여한다.
   (라) 곧은 막대기의 그림자가 가리키는 방향이 현재의 개략적인 시간인데 그림자는 시계방향이나 시계 반대방향으로 움직일 수 있으나 시간을 결정하는 방법은 똑같다.
   (마) 이 방법은 야전에서 가용시간이 제한 될 때, 개략적인 방향과 시간 판단 시 사용한다.

나. 동일한 길이의 그림자에 의한 방향결정

정오(낮12:00)를 전, 후로 하여 생기는 그림자 위치를 표시하여 비교적 정확한 방향을 결정하는 방법이다.

1) 시간은 정오를 기준으로 10~20분 전에 장소는 최소한 30cm 이상의 그림자가 나타날 수 있는 평지에 막대기 등을 수직으로 세운 후 최초 그림자가 생기는 끝 지점을 표시한다.
2) 막대기를 세운 지점을 축으로 하고, 최초 그림자가 생긴 끝까지를 반지름으로 하여 하나의 원을 그린다.
3) 정오가 가까워질수록 그림자 길이는 짧아지다가 정오가 지나면 점점 길어져 2)에서 그려 놓은 원을 벗어나는데 이 때 그림자 끝 지점이 원 둘레선의 한 지점과 일치하는 즉시 그 지점에 표시를 한다.

4) 두 지점을 연결하여 동, 서 방향을 결정하고 동, 서 방향에 직각이 되는 선을 그려 남, 북 방향과 개략적인 시간을 결정하면 된다.
5) 이 방법은 정오를 전, 후한 시점에 실시해야 하는 단점이 있으나, 비교적 정확한 방향을 결정할 수 있는 장점을 가지고 있다.

다. 시계와 태양을 이용한 방향결정

1) 적도 이북 지역

(가) 현재 시간에 해당하는 시침(時針)의 방향이 태양을 향하게 한다.
(나) 현재 시간에 해당하는 시침과 12시를 가리키는 시침의 1/2지점의 방향이 대략적인 남쪽이다.

2) 적도이남 지역

(가) 시계의 12시를 가리키는 시침의 방향이 태양을 가리키게 한다.
(나) 12시를 가리키는 시침과 현재의 시간을 가리키는 시침 방향의 1/2지점의 방향이 대략적인 남쪽이다.

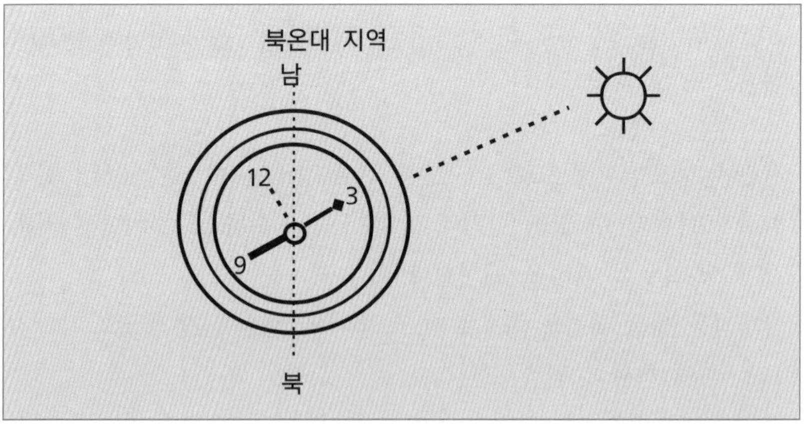

[그림 29] 북온대 지역에서 시계와 태양을 이용한 방향결정

3. 야간 방향결정

가. 북극성을 이용한 방향결정

별이 떠 있는 야간에 북두칠성을 찾아 북두칠성의 국자부분 끝으로부터 일직선으로 5배 이동하면 북극성이 있다. 북극성 우측부분에 별이 W자 모양으로 있는 것이 카시오페아 별자리이다. 자신의 위치에서 북극성 방향으로 정면이 북쪽, 좌측이 서쪽, 우측은 동쪽, 후방은 남쪽이 되는 것이다.

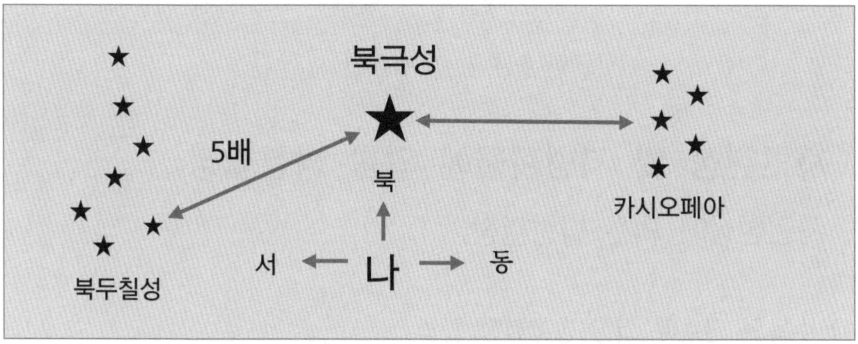

[그림 30] 북극성을 이용한 방향결정

나. 달을 이용한 방향결정

달은 계절의 변화에 관계없이 일정한 모양을 유지하게 된다.

1) 초생달(상현달)의 경우 19시경에는 남쪽에 있으며, 01시경에는 서쪽에 있다.
2) 보름달은 19시경에 동쪽에 있으며, 01시경에는 남쪽, 07시경에는 서쪽에 있다.
3) 그믐달(하현달)은 01시경 동쪽, 07시경에는 남쪽에 있다.

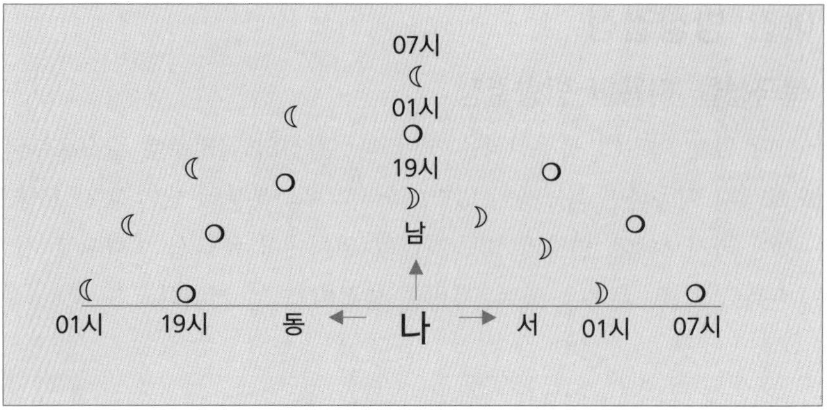

[그림 31] 달을 이용한 방향결정

4. 자연현상 및 지형지물에 의한 방향결정

가. 자연현상에 의한 방향결정

1) 수목의 연륜에 의한 방향결정 방법

일반적으로 수목의 나이테는 넓은 쪽이 남쪽이고, 좁은 쪽이 북쪽이다. 그러나 경사지 곳에 있는 나무들의 나이테는 침엽수의 경우 경사면 산 아래쪽으로 폭이 넓어지는 반면, 활엽수는 경사면 산 위쪽으로 넓어지는 경향이 있음을 알아야 한다.

2) 독립수목에 의한 방향결정 방법

독립수의 나뭇가지는 남쪽이 무성하며, 나무껍질은 북쪽이 두껍다.

3) 겨울철 내린 눈에 의한 방향결정 방법

겨울에 내리는 눈은 수목의 북쪽 방향에 많이 쌓이고, 골짜기에는 남쪽이 북쪽보다 빨리 녹는다.

4) 바위나 이끼에 의한 방향결정 방법

햇빛을 많이 받는 남쪽은 바위에 습기나 이끼가 적은 반면에 북쪽에는 이끼가 많다.

나. 지형지물에 의한 방향결정

자연현상 이외의 방향을 결정하기 위해 활용 가능한 것은 각종 지형지물인데, 개활지나 들판 등 낮은 곳에 위치하였을 경우 야간에는 주변의 높은 지형지물을 보고 방향을 판단할 수 있으며, 높은 곳에 있을 때는 야간이라 하더라도 호수, 고속도로, 저수지, 시가지의 대형건물 등을 보고 방향을 판단 할 수 있다. 우리나라는 각종 도로가 발달되어 있어 필요 시 도로이정표에 표시된 도시 지명과 도로번호 등을 이용하여 대략적인 방향을 판단 할 수 있다.

5. 비행 시 방향결정

빠른 속도로 이동하는 비행기에서 야전편법에 의한 방향결정은 매우 중요하다. 따라서 비행기나 항공관측 전에 충분히 도상연구를 통해 이동해야 할 지역의 중요 지형지물과 이동방향에 대해 상세하게 숙지하여야 하며, 비행 시 기계적인 방법에 의한 방향결정이 불가능할 시 대비하여 미리 준비하고 숙지해야 할 사항을 제시하고자 한다.

가. 항공기 탑승 전 지도상에 자신의 위치를 표시하고 비행로와 방향, 도착할 지점을 표시한다.

나. 공중에서 명확히 식별할 수 있는 지형지물을 사전에 선정하여 위치와 특징, 방향을 숙지한다.(주요도로, 하천, 철도, 저수지, 저명한 고지 등)

다. 비행 간에는 지도를 비행방향과 일치되게 놓고 지도상 비행로를 따라가며 비행 중인 현재 위치와 방향을 알고 있어야 한다.

라. 방향과 위치를 잃었을 경우 즉시 다른 조종사나 승무원에게 도상에서 현재 위치와 비행방향을 식별하도록 노력하고, 지상 관제소에 연락하여 필요한 도움을 요청한다.

마. 공중에서 지상을 보면 실제 지형지물의 크기가 지도와 비슷하고, 넓은 지

역을 관측할 수 있으므로 방향이나 위치결정에 도움이 되는 지상의 지형지물 식별이 비교적 쉬운 것이 특징이다. 그러나 육안으로 보이는 넓은 지역의 많은 지형지물은 방향결정이나 위치 확인을 위해 사전 선정해 놓은 지형지물과 혼동하기 쉬우므로 비행 간에는 지속적인 지도와 실제 지형을 비교하면서 현재 위치와 비행방향을 확인해야만 한다.

제7장 범세계 위치식별 체계(GPS)

제1절 개 요

1. GPS란?

GPS(Global Positioning System)는 인공위성을 이용한 "범세계 위치식별 체계"로 해석하며, 인공위성의 발사신호를 이용하여 24시간 개인 및 부대의 위치, 이동속도 및 시간 등을 확인할 수 있는 무선항법체계이다. 이는 미국 국방성에서 군사적인 목적으로 지구상공에 인공위성을 배치하여 활용하고 있으며, 지구상 어느 지역이든 위성신호를 공통적으로 수신할 수 있다.

2. 현재 운용중인 위치식별 체계

인공위성을 이용한 위치식별 체계로는 미 국방성의 주도로 개발되어 1995년부터 운용되고 있는 GPS, 러시아에서 운용하는 위치측정 시스템(Glonass), 유럽 ESA(European Spase Agency)에서 운용하는 위치측정 시스템(Galileo), 등이 있으나 여기서는 미국에서 개발 운용중인 GPS에 대해서만 알아보기로 한다.

3. 인공위성에서 발산한 신호를 지상에서 수신하여 개인 및 부대의 위치식별 체계를 이해하기 위해서는 GPS 구성과 운영체계에 대해 먼저 이해해야만 한다.

제2절 GPS 구성 및 운영체계

1. GPS 체계 구성

GPS 체계는 우주 부분(위성군), 제어 부분(지상 제어국), 사용자 부분(수신기) 3개 부분으로 구성되어 운용되고 있다.

2. 우주 부분

가. 미 국방성의 주도로 지구상공에 쏘아 올린 인공위성으로 우주의 일정한 공간에 배치되어 있으며, 초기에는 24개의 위성을 배치하였으나 현재는 총 29개의 위성이 지구 상공에 배치되어 작동 중에 있다.

나. 각 위성은 고도 약 20,200Km 상공에서 6개의 궤도면을 따라 운행하고 있으며 위성들은 지구상의 어느 곳에서나 항상 5~8개의 위성에서 보내는 신호를 받을 수 있도록 배치되어 있다.

다. 위성 내부는 오차가 10의 -13승~10의 -14승 초인 원자시계가 탑재되어 있어 정확한 시간을 유지하고 있고, 지상 사용자가 전파를 보내는 송신부와 지상 제어국에서 보내는 신호를 수신하는 수신부로 구성된 통신장치가 있다.

라. 인공위성에서는 지구를 향하여 위성신호를 발사하며, 위성신호는 L1, L2 주파수 송신과 항법신호가 있다.

1) L1 주파수

군용장비나 일반 상업용 장비 모두 사용가능한 주파수로 정밀한 위치수신이 제한되는 신호이다.

2) L2 주파수

군사적 목적으로 사용하기 위한 주파수로 지구상 어느 지역에서 전쟁이 발생하더라도 적국이나 민간인 장비로는 수신하지 못하고, 암호가 입력된 아군의 군용장비만으로 수신할 수 있는 신호이다.

3) 항법 신호

GPS 수신 장비가 인공위성에서 발생할 수 있는 오차를 계산할 수 있도록 위성궤도, 시간정보, 위성상태 등의 자료를 전송하는 신호이다.

3. 제어 부분

지구 상공에 있는 GPS 인공위성에 자료를 전송하거나 인공위성을 감시할 수 있도록 지구상에서 운용하고 있는 1개소의 주 통제소와 5개의 감시소, 4개의 데이터 송신소가 있다.

가. 주 통제소

1) 미국 콜로라도 공군기지에 위치하고 있으며, GPS 위성궤도 수정과 예비 위성 작동을 결정하고 운영하는 역할을 수행한다.
2) 보정(補正)된 위치와 시간 데이터를 주기적으로 데이터 송신소를 통해 각 위성으로 전송하는 역할을 수행한다.

나. 감시소

1) 29개의 위성에서 보내오는 신호를 점검하고 위성궤도 및 탑재시간 등을 평가하는 역할을 수행한다.
2) 위성궤도를 추적 및 항로를 예측하며, 위성신호의 자연오차 등을 평가한 정보를 주 통제소로 보는 역할을 수행한다.

다. 데이터 송신소

위성에 정보를 송신하거나 위성궤도 및 잘못 입력된 정보 등을 수정하는 역할을 담당한다.

4. 사용자 부분

가. 인공위성에서 전송한 신호를 받아 군사적으로 이용할 수 있도록 개인 및 부대 위치와 부대이동에 관련된 자료를 제공 받을 수 있도록 장비를 사용

하는 것을 말한다.

나. GPS 인공위성 신호를 수신할 수 있도록 개발된 장비는 군사용과 상업용 두 가지로 구분되는데, 여기에서는 현재 한국군에서 사용 중인 휴대용 위치식별기인 PLGR-II에 대해서만 알아보기로 한다.

제3절 휴대용 위치 식별기<PLGR-II>

1. 장비 개요

가. 휴대용 위치 식별기인 PLGR-II는 인공위성에서 발사한 신호를 수신하여 개인 및 부대가 위치한 지점의 좌표와 고도, 이동방향 및 속도를 실시간으로 계산하여 정보를 제공함으로써 현재 위치를 알려주며, 이동 간 방향을 유지와 이동할 장소로 안내해주는 전천후 위치식별 수신 장비이다.

나. 화면으로 보여주는 정보는 사용자 현재위치와 이동방향 및 속도, 목적지까지의 방향과 거리, 시간 등이며 사전 목적지를 입력하면 이동 간 경유지 표시가 가능한 것이 특징이다.

다. 이 장비는 암호가 주입되어 있어 적국이나 민간인 등 불필요한 인원의 사용이 불가하며 암호는 장비가 편제된 부대를 대상으로 전파되어 사용자가 직접 입력하여 운용한다.

2. 장비 구조

가. 휴대용 손잡이

휴대 시 허리에 부착하여 활용하거나 장비에 부착 시 활용한다.

나. 화면(모니터)

입력하거나 저장된 제반 정보를 눈으로 식별 가능하도록 수치화 또는 도표화해서 표시해준다.

다. 전원 키(PWR/BRT)

수신기 전원을 켜거나 끌 수 있으며, 화면배경의 밝기를 조절한다.

라. 메뉴 키

시스템내의 상태, 설치, 초기화, 검사, 도움말 등의 메뉴를 선택한다.

마. 상태 키

현 상태에서 다음 상태로 넘어가거나 새로운 기능을 선택할 때, 또는 자료 입력 시 사용한다.

바. 좌, 우 화살표

화면상에서 커서를 한 범위에서 다른 범위로 이동 시에 사용되며 이 때 화면상에 나타난 자료의 값은 변하지 않는다.

사. 상, 하 화살표

화면을 다른 기능으로 이동시키고 수치의 범위를 변화시킨다. 커서가 선택기능 범위에 있으면 선택 기능을 따라 상, 하로 움직인다. 커서가 변화 가능한 값의 범위에 있을 때는 값의 범위를 증가시키거나 감소시킨다.

아. 기능 키

위치 식별기의 중앙에 있는 4개의 기능키로써 현 위치를 표기하거나 운용메뉴 선택, 참고점 까지의 경로계산 위치페이지로 이동 등의 기능을 가지고 있다.

자. J1 암호 장입 포트

암호를 입력하거나 자료의 암호화 및 무전기 모뎀 입, 출력 시 사용한다.

차. J2 직렬 자료 입력 포트

수신기에서 수신기로 자료를 전송하거나 컴퓨터에서 수신기로 자료를 전송할 때 사용한다.

카. J3 외부 안테나 입력 포트

외부 안테나를 연결하는 연결구로써 원격 안테나, 헬멧 안테나, 항공기 안테나, 수상용 부유 안테나를 연결할 수 있다.

타. 장비에 내장되거나 부착된 부품 및 기능 이외에 외부에서 기구와 연결하여 사용할 수 있는 부품으로 전원공급 케이블, 자료전송 케이블, 암호입력 케이블 등이 있다.

3. 주요 제원

- 무 게 : 680g
- 크 기(가로×세로×두께) : 9.19×20, 48×4.67(cm)
- 작동 온도 : -20° ~ 70° C
- 작동 고도 : -400 ~ 9.100m
- 작동 습도 : 0 ~ 100 %
- 정확도 : 16m 이하
- 건전지(MA-5800/μ) 사용시간 : 18 ~ 24시간

4. 특징

가. 장비에 내장된 건전지와 안테나를 이용, 자체 조작이 가능하다.

나. 컴퓨터, 무전기, 암호기 등과 케이블로 연결하여 상호 연동이 가능하다.

다. 물속에서의 작전이나 도하작전 시 사용토록 수상 부유 안테나 부착이 가능하다.(수심 36m까지 가능)

라. 4개 이상의 인공위성 신호를 받아야 작동이 가능하며 5개의 인공위성을

지속적으로 추적한다.

마. 악천 후, 야간 등 어떤 기상조건하에서도 작동한다. (야간에는 불빛 화면 및 키보드 작동)

바. 전파방해에 영향을 받지 않으며, 장비 작동 시에도 신호가 발생되지 않아 위치노출이 되지 않는다.

사. 가동 중에는 자동적으로 자체 점검을 한다.

아. 지도, 나침반 등과 같이 사용 시에는 정확도가 더욱 증대된다.

5. 장비 능력 및 활용

가. 사용자 위치 확인

1) 장비 작동 시 최초화면에 사용자가 요구한 군사좌표 체계의 10계단 좌표 수치가 제시된다.

2) 사용자의 장비조작으로 다른 군사좌표 체계로 전환이 가능하며, 지리좌표의 경도와 위도 표시도 가능하다.

3) 위치 식별기를 사용하고 있는 지점의 정확한 군사좌표와 지리좌표를 확인할 수 있으며, 오차범위는 16m이하이다.

4) 위치 식별기 사용자가 인공위성 신호를 직접 수신할 수 없는 장소에 있을 경우는 외부 안테나와 연결하여 사용자 위치를 확인 할 수 있다.

가) 원격 안테나 : 차량/건물내부, 지하시설 등에 위치했을 때 사용한다.

나) 수상 부유 안테나 : 잠수함(정), 수중침투 등과 같이 수중에 위치했을 때 사용하는데 36m 까지 사용이 가능하다.

다) 기타 헬멧에 부착하여 사용하는 헬멧 안테나와 항공기에 부착하여 사용하는 항공기 안테나가 있다.

나. 방향유지 기능

1) 목표 및 이동로 상 참고점 확인

개인이나 부대가 이동하고자 하는 목표 10개소의 좌표와 각각의 목표에 이르는 이동로상의 참고점 좌표를 이동로별로 50개씩 총 500개 지점의 좌표를 사전에 입력하여, 목표 및 참고점 확인과 이동 간 방향유지에 활용한다.

2) 참고점 및 목표 간의 거리와 방위각 표시 기능

가) 최초위치, 참고점, 목표 등과 같이 2개 지점의 좌표를 입력하면 양 지점 간의 정확한 거리와 방위각을 구할 수 있다. 이 때 양 지점 간의 거리는 10Km 이내이어야 한다.

나) 예로써 최초 위치와 목표지점의 좌표를 입력하면 목표까지의 거리와 방위각을 확인할 수 있으며, 만일 목표까지 거리가 10Km 이상일 경우10Km 미만이 되는 중간지점에 참고점을 선정하여 활용한다.

3) 이동방향 표시 기능

장비를 휴대하고 이동하면 이동방향의 방위각과 이동속도가 화면에 표시된다.

4) 이동 방향유지 기능

가) 이동로 상의 참고점을 연결한 선에서 사전에 입력한 일정한 거리를 이탈하면 자동적으로 경고표시가 문자로 나타남으로써 이동방향의 이탈을 방지하여 목표까지의 이동방향을 유지해 준다.

나) 이 기능은 주, 야 이동 및 침투 간 이동로 이탈을 예방하는데 효과적이다.

5) 이동 간 목표까지의 방향 및 거리표시 기능

가) 최초위치 출발 후 이동 중인 위치에서 목표까지의 방위각과 거리를 구할 수 있다.

나) 이 기능은 개인 및 부대 이동 간 이동 중인 위치에서 최종 목표나 이동해야 할 장소까지의 남은 거리와 이동방향을 구하는데 활용된다.

다. 목표지역 또는 위험 지역에 접근 시 경고 기능

1) 목표지역의 좌표와 이동로상의 위험지역 좌표를 사전에 입력해 놓으면 그 지역에 접근 시 장비 표시 창에 문자로 경고해 준다.

2) 이 기능은 작전 수행 간 전진한계선이나 초월선, 정지종심 작전부대를 보호하기 위한 화력제한지역 등의 좌표를 사전에 입력하여 활용하면 대단히 효과적이다.

라. 목표지역 도착 후 이탈 시 경고 기능

1) 사전에 전정된 목표지역에 도착 후 그 지역을 이탈하면 장비 표시 창에 문자로 경고해 준다.

2) 이 기능은 목표 탈취 후 전진한계선 등의 좌표를 입력하여 활용하면 효과적이다.

마. 참고점 또는 목표지역 근접 시 경고 기능

1) 참고점이나 목표 부근에 접근했을 시 미리 경고 해주는 기능으로 참고점이나 목표지역 접근이전에 정확한 지점이나 대상물 등을 식별하기 위해 사용한다.

2) 예를 들어 연결 작전 시 연결지점, 침투작전 시 적 경계병 위치나 타격목표 등의 정확한 위치식별 시 사용하면 효과적이다.

바. 휴대용 위치 식별기 활용 전망

1) 휴대용 위치 식별기는 현재까지는 위치확인, 이동방향 유지, 목표접근 및 도착확인 등의 단순한 용도로 사용된다.

2) 군사용 활용 전망

차후에는 지상전술 C4I 체계등과 연동시킴으로써 아래와 같이 활용 될 수 있도록 발전된 전망이다.

가) 전차, 함정, 항공기, 무인항공기(UAV) 등에 탑재하여 자동항법 장치로

활용

나) 교전부대의 위치 및 획득한 첩보를 실시간대에 상급부대로 전송

다) 상급부대 지휘통제실에서 휴대용 위치 식별기를 사용하고 있는 부대 위치 및 이동경로 확인

라) 보급지원, 호송, 후송수단 등의 상황파악

마) 타격지점 선정, 미사일 항로조정 및 원하는 표적으로 유도, 수색 및 구조 활동

6. 장비 제한사항 및 극복요령

가. 제한사항

위치 식별기는 사용자 위치확인/이동방향 유지에 매우 중요한 장비이나 인공위성에서 전송하는 신호를 이용하기 때문에 아래와 같은 부분적인 제한사항이 있다.

1) 폭우가 내리거나 하늘이 완전히 가려진 수목지역에서는 위성전파의 반사로 일부분의 오차가 발생될 수도 있다.

2) 4개 이상의 인공위성 전송신호 접수를 위해 최초 장비작동 후 정확한 기능발휘를 위해 최소 12분 이상의 준비시간이 소요된다.

3) 인공위성과 지구의 자전으로 인해 한반도 상공에서는 1일 평균 1시간~1시간 10분 정도의 위성신호 취약시간대가 발생한다.

4) 600m 이상의 깊은 계곡에서는 정확한 제원산출이 제한된다.

5) 동굴, 지하, 엄폐된 진지, 전차 및 장갑차와 화생방 방호차량 내부와 같이 위성신호 수신이 불가능한 지역에서는 장비 기능발휘가 불가하다.

나. 극복요령

1) 나침반, 지도와 함께 운용함으로써 휴대용 위치식별기의 제한사항이 보완된다.

2) 화면상 거리오차와 수신되는 위성신호 숫자를 먼저 확인 후, 필요한 제원을 산출한다.
3) 예보된 위성신호 취약시간을 숙지하여 취약시간 이전에 주요 목표에 대한 제원을 미리 측정하여 사용하도록 한다.
4) 가능한 깊은 계곡에서 사용을 지양하고, 부득이한 경우에는 하늘이 넓게 개방된 지역에서 사용하도록 한다.
5) 10층 이상의 고층건물로 완전히 둘러 쌓인 곳이나 고가도로 아래에서는 사용을 하지 않도록 한다.
6) 동굴, 지하, 엄폐된 진지, 전차 및 장갑차와 화생방 방호차량 내부에서는 외부 안테나를 설치, 연결하여 운용하도록 한다.

7. 장비보관 및 취급 시 주의사항

가. 습기가 적은 서늘한 곳에 보관한다.
나. 장비에 과도한 충격이 가하지지 않도록 한다.
다. 장비가 부식되었거나 파손 또는 결함사항이 발견되면 군수품 하자 처리 규정에 따라 처리한다.
라. 장비 상태를 확인하기 위해 주기적으로 육안 검사를 실시하고, 필요 시 깨끗한 헝겊으로 이물질이나 습기 등을 제거한다.
마. 장비를 사용하지 않는 상태로 90일 이상 보관 시에는 건전지를 모두 제거한다.
바. 전시 적에게 장비를 피탈당할 위험성이 있을 때는 적에 의한 사용과 정보유출을 방지하기 위해 파괴해야 한다. 파괴방법은 폭발물이나 망치 등을 사용하거나 휘발유 및 연소성 기름을 부어 소각하며 즉시 지휘계통을 통해 보고한다.

제8장 사 경 도

제1절 개 요

1. 사경도(斜傾圖)의 정의

사경도란 임의의 한 관측지점에서 보이는 대로 정면도법(正面圖法) 또는 원근화법(遠近畵法)에 의해 지형을 그림으로 나타낸 것을 말한다.

2. 용 도

• 목표지시 및 식별	• 정찰, 순찰계획 및 결과보고
• 서면보고서 보충	• 기타 특정지역에 대한 전술적인 요구 충족

가. 사경도는 지도가 가용하지 못하거나 휴대하고 있는 지도만으로 충분한 의사전달이 제한될 경우 필요한 지형을 그림으로 그려서 설명할 때 사용한다.

나. 사경도의 용도는 필요한 부대 및 인원에게 목표를 지시 및 식별 시키거나 정찰이나 순찰계획 및 결과를 설명하고, 지형과 관련된 서면보고 내용 중 추가적으로 이해가 쉽도록 보충설명이 필요할 때, 기타 특정지역에 대해 전술적으로 필요한 사항을 충족시키고자 할 경우에 작성하여 활용한다.

다. 사경도는 작성자는 물론 사경도를 보는 인원이 쉽게 이해 되도록 가급적 구체적으로 작성해야 하며, 작성을 위한 가용시간, 피아 상황, 기상조건, 요구되는 정확도에 따라 다소 다르게 작성할 수 있다.

제2절 작성 방법

1. 개 요

사경도 작성을 위해서는 아래의 몇 가지 원리를 이해해야 한다.

가. 원근화법

1) 원근화법은 지형지물의 멀고 가까움이 나타나도록 그림을 그리는 방법이다.

2) 그림으로 지형지물의 멀고 가까움을 표현하는 방법은 음영을 이용하거나 실제 육안으로 보이는 것과 동일하게 멀리 있는 지형지물은 도화지 윗부분에 작게 그리고 가까이 있는 지형지물은 도화지 아래 부분에 크게 그림으로써 멀고 가까움을 나타낼 수 있다.

나. 지평선

지평선의 사전적 의미는 전망이 트인 곳에서 바라본 하늘과 땅과의 경계이다. 따라서 사경도를 작성할 때 지평선은 사경도 작성자의 눈높이에서 지평선의 지상과 교차점에 의해 형성된 선이다.

1) 관측지역이 평평하거나 육지에서 바다를 바라볼 때 지평선은 하늘 끝과 일치한다.

2) 관측지역이 굴곡이 심한 지역일 경우 지평선은 하늘 끝에 있는 가장 낮은 지점의 약간 밑에 있으며 지면이 평평하면 바로 그 지면위에 있게 된다.

다. 소실점

소실점이라 지상에서 평행하는 두 선이 멀어질수록 한 지점에서 만나는 것과 같이 보이거나 만나서 사라지는 것 같이 보이는 것을 말한다.

1) 지상에서 수평한 평행선은 지평선상의 한 지점에서 사라진다.
2) 지상의 경사가 관측자로부터 하향해 있는 평행선은 지평선 아래의 한 지점에서 사라진다.
3) 지상의 경사가 관측자로부터 상향해 있는 평행선은 지평선 위의 한 지점에서 사라진다.
4) 우측으로 연하여 형성된 평행선은 우측에서 사라지며, 좌측으로 연하여 형성된 평행선은 좌측에서 사라진다.
5) 어느 목표물이 육안으로 보이는 크기는 관측자로부터 그 거리에 따라서 달라져 보이는데 목표물이 가까이 있을수록 실물과 같은 크기로 보이나 목표물이 먼 거리에 있을수록 관측자에게는 실물 크기보다 작게 보인다.
6) 전신주나 가로수와 같은 목표물은 일정한 간격과 거리를 유지하고 있으나 관측자의 위치와 목표물과의 거리에 따라서 육안으로 보이는 크기나 측정거리는 달라져 보인다.

2. 사경도 작성을 위한 보조재료

가. 사경도 용지

사경도를 작성하도록 인쇄된 양식지이나, 야전에서 사경도 용지가 없는 경우 가용한 백지를 이용하여 사경도를 작성한다.

나. 나침반

사경도 작성지역에서 자북방향 판단 및 자북 방위각을 측정한다.

다. 쌍안경

사경도 작성지역 관측과 나타내고자 하는 지형지물간의 편각을 측정한다.

라. 기타 필기도구(연필, 지우개, 눈금자, 칼 등)와 사경도 작성이 쉽도록 사경도 용지를 평평하게 지지해 주는 받침판 등이 필요하다.

3. 사경도 용지 및 작성방법

표적									
거리									
• 사경도 작성 지역 : • 사경도 작성 장소 : • 사경도 번호 :				← 2Cm → 실제거리 50M "사경도를 그리는 여백"					
• 자북방향 : • 작성일시 :	작성자 소속 : 기 타 :			계 급 :		성 명 :			

[그림 32] 사경도 용지

가. 사경도 용지(양식)

사경도 용지를 보면 상단부분에는 표적, 거리, 편각으로 나뉘어 있으며, 중간에는 그림을 그릴 수 있는 여백, 좌측에는 사경도 작성지역, 장소, 번호를 기록하고 하단에는 자북방향과 작성자 인적사항, 작성일시 및 기타 작성된 사경도에 대한 추가적인 사항을 기록하도록 양식화 되어있다.

나. 사경도 용지 작성법

1) 표 적

사경도에 그려질 지역의 저명한 지형지물이나 주요 목표 및 대상물, 사격 및 화력지원계획 지점이나 참조점 등을 기록하기 위한 것으로 해당표적의 특징이나 명칭을 기록한다.

2) 거 리

가) 사경도 작성지점으로부터 표적까지의 거리를 기록한다.

나) 거리판단 방법

야전에서 개인별 거리판단의 정확성은 훈련과 숙달정도에 따라 다르므로 다양한 거리판단 방법을 활용하여 정확한 거리판단이 가능하도록 훈련되어야 한다.

(1) 육안에 의한 방법

개인이 보측이나 목측으로 숙지한 거리개념이나 주변의 전신주 간격(통상 50m), 축구장 길이(통상 100m) 등을 연상하여 판단한다.

(2) 물체 외관에 의한 방법

청명한 날씨, 평탄지역에서 판단한 물체 외관에 의한 거리 식별은 기상 및 지형조건과 전투원의 위장 상태에 따라 식별 가능거리는 유동적일 수밖에 없다.

3) 편 각

표적가지의 방위각을 측정하여 기록함으로써 화력지원계획 수립 등에 활용하기 위한 것으로 나침반이나 쌍안경 등을 이용하여 측정한다.

4) 사경도 작성지역

사경도를 작성한 지역의 명칭을 기록한다.

5) 사경도 작성장소

사경도 작성자가 작성 시 위치한 지점을 기록한다.

6) 사경도 번호

사경도를 작성한 일련번호를 기록한 것으로 첫 번째 작성한 사경도는 1, 두 번째는 2 순으로 작성순서에 따라 순차적으로 번호를 기록한다.

7) 사경도는 작성을 위한 여백

사경도 작성지역을 원근화법이나 정면도법으로 지형과 표적을 그림으로 그리는 여백을 말한다.

8) 자북방향

나침반을 이용하여 자북방향을 측정하여 기록한다.

9) 작성자 소속, 계급, 성명, 작성일시를 기록한다.

10) 기타 작성된 사경도를 이해하는데 도움이 되는 추가사항을 필요 시 기록한다.

4. 사경도 그리는 요령

가. 사경도 용지 그림에서와 같이 사경도 용지 여백에는 사경도를 쉽게 그리도록 좌, 우로 2Cm 간격으로 9개 칸으로 구분되어 있으며, 1칸에는 실제거리 50m를 그린다. 따라서 사경도 용지 1매는 실제 정면 450m(9칸×50m)지역을 그릴 수 있다. 만일 1칸에 실제거리 100m를 그려 넣는다면 사경도 용지 1매는 실제정면 900m 지역을 그릴 수 있다.

나. 사경도 작성지점으로부터 전방으로의 작성거리는 사경도 작성용도와 목적을 충족시킬 수 있는 거리까지 사경도 작성자가 판단하여 원근화법에 의해 대상지역을 그린다.

다. 사경도를 작성 시에는 용도와 목적을 고려하여 필요한 사항은 세부적으로 그려야 한다. 그러나 사경도를 잘 보이게 하기 위하여 불필요한 사항을 그리거나 추가해서는 안 된다.

라. 참조점 선정 및 도식

1) 사경도 작성지역에서 가장 명확하고 변화가 없을 저명한 지형지물을 작성자로부터 500m 이상 떨어진 지점에서 선정하여 사경도 용지에 먼저 그린다.
2) 선정된 참조점의 명칭을 기록하고 참조점과 작성자와의 거리와 편각을 측정하여 기록한다.
3) 참조점은 사경도 작성 후 지형지물 식별을 위한 기준이 된다.

마. 묘 사

1) 묘사란 실물이나 실경을 보이는 그대로 그리는 것으로 사경도 작성자는 작성지역을 연필을 이용하여 묘사를 한다.
2) 멀고 가깝게 느껴지는 거리감을 나타내고자 할 때, 가까운 곳에 있는 것은 굵고 크게 그리고, 멀리 있는 것은 가는 선을 가늘고 작게 그린다.

바. 음영과 그림자

음영과 그림자는 사경도 완성 후 쉽게 읽기위해 사용한다. 사경도 작성자는 광선이 한 방향으로 비추어져 동일한 방향으로 그늘이 지도록 작성한다.

사. 지형지물 표정방법

1) 사경도 용지를 작성자 눈으로부터 40Cm 아래에 위치시킨 후 용지 상단에 개략적으로 공제선과 현저한 지형지물을 그린다.
2) 용지 상단에 그려진 공제선 상의 현저한 지형지물로부터 사경도 작성지역 내의 지형지물 중 사경도에 포함시키고자 하는 지형지물의 위치까지 희미한 점선을 위에서 아래로 내려 그은 후 해당 지형지물을 원근화법을 적용하여 그린다.
3) 지형지물을 사경도 용지에 축소시켜 그릴 때 크기는 눈으로부터 40Cm 앞으로 떨어지게 연필이나 눈금자를 이용하여 크기측정을 하는 편각측정 방법을 적용한다.

4) 사경도 용지에 그려진 주요 표적명칭을 기록한 후 육안에 의한 방법, 물체외관에 의한 방법을 적용하여 거리를 판단하고 나침반이나 쌍안경을 이용하여 편각을 측정하여 기록한다.

5. 사경도 완성

가. 사경도는 작성용도와 목적을 충족할 수 있도록 작성하여야 하며 사경도를 필요로 하는 사람이 요구하는 최대의 정보를 제공할 수 있도록 작성해야 한다.

나. 사경도 작성에 너무 많은 시간을 소비하여 사경도 활용을 위한 시간을 놓쳐서는 안 된다.

다. 사경도 완성 후 추가해야 할 사항이나 제원이 있으면 즉시 추가한다.

라. 사경도에 필요한 추가사항 도식 및 활용

1) 완성된 사경도는 부대임무는 부대임무와 상황에 따라 필요한 사항을 추가 도식하여 다양하게 활용 수 있다.

2) 사경도를 활용한 분대방어 배치 "예"

사경도에 추가하여 주, 예비, 보조진지, 사격구역, 사격 집중 점, 관측소 및 분대장 진지, 장애물, 기관총 주 사격방향, 최후방어 사격선, 야간감시 장비위치, 박격포 및 포병화력 사격개시선 등을 추가 도식하여 분대방어 배치도로 활용할 수 있다.

3) 사경도를 활용한 주요화기 사거리표 작성

사경도에 추가하여 주요 직사화기 주/예비진지 위치, 사격구역, 주 사격방향 등을 추가 도식하여 화기 사거리표로 활용할 수 있다.

제2부

군대부호

제9장 총 론

제1절 개 요

1. 목 적

이 책은 각종 군사작전이나 부대활동 시 적용할 수 있는 군대부호를 표시하는 표준 방법을 제시하여 여러 분야에서 자료로 사용하기 위한 모든 인원에게 필요한 참고자료로 제공한다.

2. 범 위

이 책은 지도와 투명도에 사용되는 기초적인 군대부호를 쉽게 활용하도록 수록하였다.

3. 적 용

이 책은 부사관으로 임관하여 분대장 임무수행과 장교로 임관하여 소대장으로 임무를 수행할 인원 등에게 적용될 수 있도록 작성하였다.

제2절 군대부호의 정의 및 구성

1. 군대부호의 정의

군대부호는 군의 편성, 장비, 시설, 부대이동 및 활동, 규모, 위치, 상태 등을 간단하고 명확하게 식별할 수 있도록 도형, 숫자, 문자, 약어, 색채 등을 혼합하여 구성한 약정 기호이다.

2. 군대부호의 사용

군대부호는 주로 아래 사항과 관련하여 사용한다.

- 각종 상황도 및 첨부물
- 항공사진
- 요도 및 투명도
- 편제표

가. 군대부호는 해당부대나 작전상황을 정확하게 식별하도록 약정한 도형 보조물이다. 따라서 약정한 부호 이외의 것을 사용해서는 안 되며, 만일 부호를 임의로 만들어 사용할 경우 범례를 사용하여 그 의미를 설명하여야 한다.

나. 군대부호는 너무 복잡하거나 지나치게 상세하면 그 가치를 잃게 된다. 따라서 이 책에서는 사용자의 특수한 요구조건에 맞게 군대부호를 사용할 수 있도록 융통성 있는 부호 기술 방법이 수록되어 있다.

다. 군대부호 표기 시에는 도북방향으로 향하게 표시한다.

3. 군대부호의 요건

가. 군대 부호의 요건은 간편하고 일률적이며 명확해야 한다.

나. 군대부호 제정 시 고려요소

- 쉽게(그리기, 알아보기)
- 바르게
- 명확하게(타 부호와 혼돈방지)

군대부호 약정 시 고려될 수 있는 요소는 부호자체가 제작에 쉬워야 하며, 의미가 바르게 표현되어야 하고, 혼돈이 발생되지 않도록 명확해야 한다.

4. 군대부호에 사용되는 색채

가. 군대부호에 사용되는 기본색채는 아래와 같다.

- 청색 또는 흑색 : 아군 부대, 시설, 장비, 활동
- 적색 : 적군 부대, 시설, 장비, 활동, 아군 사격제한선과 화력금지구역 및 화력제한지역

※ 북한군 군대부호는 북한군 도식방법 적용

- 황색 : 아군 또는 적군의 화생방
- 녹색 : 아군 또는 적군의 인공장애물

나. 기본 색채 이외의 색채를 사용하였을 경우는 사용한 색채가 무엇을 표현하였는지 범례에 설명해야만 한다.

다. 흑색이나 청색으로 적군 및 적색부호를 도식할 경우 2중선으로 도식한다.

- 적군 보병대대 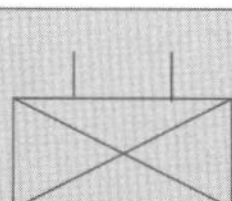 또는 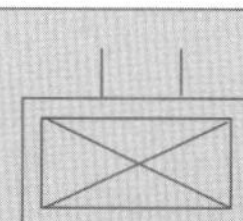
- 사격제한선 사제선(부대명) 월, 일, 시 (00 00 0000) ──── 또는 ════ 사제선(부대명) 월, 일, 시 (00 00 0000)

5. 군대부호 구성체계

가. 군대부호는 크게 기본 군대부호와 작전 활동부호로 구성된다.

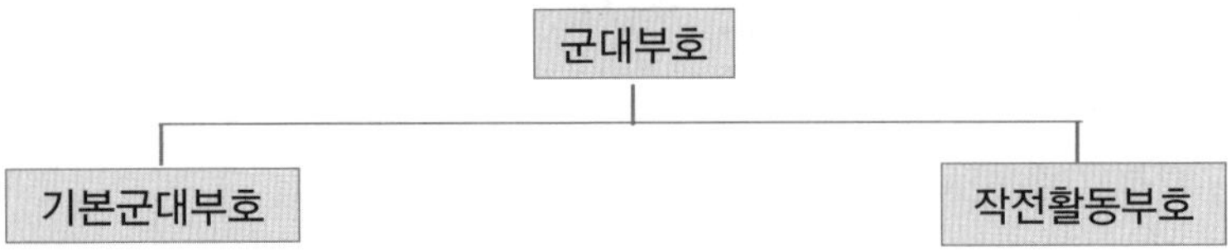

나. 기본 군대부호는 공통부호, 단위부대부호, 지원시설부호, 부호조합을 포함한다.

6. 연합작전 시 사용법

군대부호가 단어 또는 약어를 포함하는 경우, 단어 및 약어는 그 국가의 모국어로 통상 표기한다. 그러나 군대부호를 포함한 내용을 다른 연합군 부대나 사령부에 통보할 경우에는 군대보호의 의미에 혼동이 없도록 범례에 그 설명이나 번역문을 제시해야 한다.

부록1 투명도(透明度)작성

1. 개 요

가. 투명지와 투명도의 정의

1) 투명하다는 것은 흐리지 않고 속까지 환히 트여 밝은 상태를 말한다. 따라서 투명지는 흐리지 않고 속까지 환히 트여 밝게 보이는 종이 또는 아스테이지를 말한다.
2) 투명도는 투명지에 필요한 세부사항을 표시한 것으로 군에서 투명도를 작성하는 통상적인 방법은 지도위에 투명지를 고정시킨 후 필요한 내용과 상황을 표시하여 작성하나, 지도 없이 투명지에 직접 표시하여 작성할 수도 있다.

나. 용도

- 투명도형 명령
- 상황도
- 기타 필요한 세부사항 추가 또는 강조

1) 투명도형 명령

투명도형 명령은 도식부분과 서식부분을 동일한 투명도상에 기록함으로써 도식부분을 별도의 붙임으로 갖지 않는 형태의 작전명령으로 군에서 사용하는 가장 일반적인 투명도의 용도이다.

2) 상황도

상황도는 특정기간의 전술적 또는 행정적 상황을 표시한 것으로 투명도를 지도위에 부착한 후 필요한 상황과 추가해야 할 내용을 기록 및 표시하여 상황도로 활용한다.

3) 기타 필요한 세부사항 추가 또는 강조

투명도는 기본 작전계획이나 명령에 대한 추가적인 설명과 강조해야 할 세부사항 표현, 보고서에 대한 부가적인 설명, 말이나 글로 설명하기 곤란한 사항을 명확하고 간명하게 표현하고자 할 경우 등 다양하게 활용할 수 있다.

2. 투명도 작성요령

가. 개요

투명도는 지도나 지적도, 설계도 등에 부착하여 사용 목적에 따라 다양하게 작성 및 사용할 수 있으나 여기에서는 지도에 부착하여 작성 및 사용하는 투명도에 대해서만 기술한다.

나. 투명도 작성단계

- 지도위에 투명지 정치(定置)
- 새로운 세부사항 표시 및 도식
- 난외주기 기입

1) 지도위에 투명지 정치

가) 추가적으로 표시하고자 하는 지도 도엽위에 투명지를 밀착시켜 올려놓고 정치한 후 스카치 테이프나 스테플러를 이용하여 일시적으로 지도에 고정시킨다.

나) 투명지의 서로 반대되는 구석부분에 지도좌표의 격자가 교차되는 지점을 맞춘 상태에서 1-1과 같이 그 교차지점에 해당하는 십자선을 그리고 좌표 숫자를 기록하면 지도위에 투명지 정치가 완료된다.

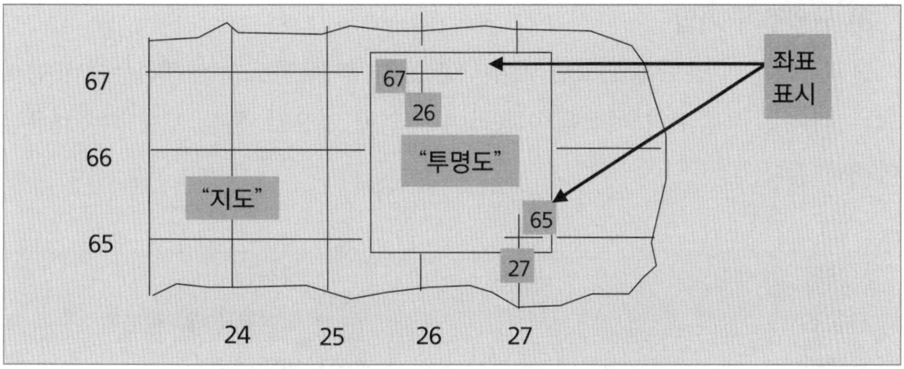

[그림 부 1] 투명도의 좌표 표시방법

2) 새로운 세부사항 표시 및 도식

가) 새로운 세부사항 표시 및 도식은 투명도 작성목적과 용도에 부합되도록 투명지를 통하여 보이는 지도상의 기호와 그림을 보면서 필요한 내용을 색연필, 플러스펜 등의 필기도구를 이용하여 작성한다.

나) 투명도 작성 시에 새로운 사항을 도식할 때에는 지도에서 사용하는 기호가 아닌 임의의 기호를 사용하였을 경우에는 투명도의 난외주기에 임의로 사용한기호가 무엇을 의미하는지 표시하여 설명하여야 한다.

다) 투명도형 명령이나 기본계획의 붙임, 보고서에 대한 보충용으로 사용된 투명도는 투명도 작성 시 사용한 지도 도엽명과 도엽번호, 축척을 기록하여 투명도를 받아서 활용하는 사람이 해당지도를 획득하여 이용할 수 있도록 명시해야 한다.

라) 지도상에 표시되지 않은 지형지물(신설도로 및 교량, 손실된 제방 및 교량 등)을 투명도에 표시할 경우에는 가급적 지도에서 사용한 기호와 동일해야 하며, 지도와 축척과 동일한 크기로 축소하여 정확한 위치에 표시한다.

3) 난외주기 기입

난외주기는 투명도에 필요한 세부사항 표시 후 투명도를 이해하는데 도움이 되는 내용을 투명도의 여백을 이용하여 기입한 것으로 통상 포함되는 내용은 아래와 같다.

• 제목 및 목적	• 작성일시
• 참조지도	• 작성부대 및 작성관
• 범례	• 비밀구분
• 기타 필요한 추가설명	

가) 제목 및 목적

투명도 사용자에게 투명도 작성 이유와 용도를 쉽게 이해할 수 있도록 제목과 작성 목적을 기입한다.

나) 작성일시

투명도는 최근 내용을 기입해야 하며 적시에 필요한 인원에게 배부되어 활용되어야 한다. 따라서 투명도에 작성일시를 기록함으로써 투명도 사용자로 하여금 투명도에 포함된 내용이 어느 시점을 기준으로 작성되었는가 알려주고 투명도 접수시간과 작성시간 사이의 시간적인 차이를 판단할 수 있도록 한다.

다) 참조지도

투명도 작성 시 참조한 지도의 도엽명, 도엽번호, 축척을 기재하여 투명도 사용자가 투명도에 사용할 지도를 쉽게 획득할 수 있도록 도움을 준다.

라) 작성부대 및 작성관

투명도에 대한 의문사항을 문의할 수 있도록 연락방법을 위해 작성부대와 작성관을 기록 작성책임관을 명시해 준다.

마) 범례

지도에서 사용하는 기호 이외의 다른 기호를 사용하였다면, 새롭게 사용한 기호가 무엇을 표시하였는지 명확하게 설명한다.

바) 비밀구분

투명도에 표시된 내용이나 지도에 비밀내용이 포함되어 있다면 최상급 비밀구분과 일치하도록 군사보안업무 시행규칙의 비밀표시 규정에 따라 기입한다.

사) 기타 필요한 추가 설명

투명도를 이해하는데 도움이 되는 추가설명이나 첩보사항등이 필요한 경우 간명하게 기입한다.

부록2 사경도(寫經圖) 작성

1. 개요

가. 정의

사경도는 관측자나 사수가 육안으로 보이는 그대로 그린 특정지역의 그림을 말한다.

나. 용도

- 목표지시 및 식별
- 정찰, 순찰 계획 및 결과 보고
- 서면보고서 보충
- 기타 특정지역에 대한 전술적인 요구 충족

1) 사경도는 지도가 가용하지 못하거나, 휴대하고 있는 지도만으로 충분한 의사 전달이 제한될 경우 필요한 지형을 그림으로 그려서 설명할 때 사용한다.

2) 사경도의 용도는 필요한 부대 및 인원에게 목표를 지시 및 식별시키거니, 정찰 또는 순찰계획 및 결과를 보고하고, 지형과 관련된 서면보고서 내용 중 추가적 으로 이해가 용이하도록 보충 설명이 필요시, 기타 특정지역에 대하여 전술적으로 필요한 사항을 충족시키고자 할 경우 작성하여 활용한다.

2. 사경도 작성요령 및 보조재료 사용

가. 사경도 용지

사경도를 작성하도록 인쇄된 양식지이다. 그러나 야전에서 사경도 용지가 없을 경우 가용한 백지나 기타 자재 등을 이용하여 사경도를 작성할 수 있다.

[그림 부 2] 사경도 용지(양식)

<table>
<tr><td>표 적</td><td></td><td>교량</td><td>편의점</td><td></td><td>정류장</td><td></td><td>병원</td><td></td></tr>
<tr><td>거 리</td><td></td><td></td><td></td><td></td><td></td><td></td><td></td><td></td></tr>
<tr><td>편 각</td><td></td><td></td><td></td><td></td><td></td><td></td><td></td><td></td></tr>
<tr><td>• 사경도
작성지역:

• 사경도
작성장소:

• 사경도
번호:</td><td colspan="8">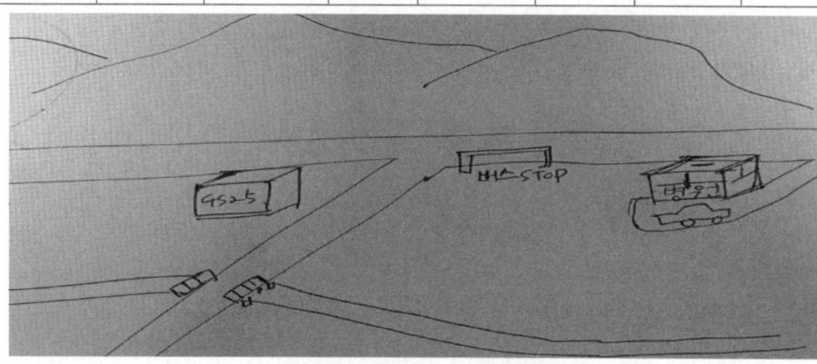

「사경도 그리는 여백」</td></tr>
<tr><td colspan="3">•자북방향:</td><td colspan="6">•작성자 소속: 계급: 성명:
•작성일시: •기타:</td></tr>
</table>

1) 표적

사경도에 그려질 지역의 저명한 지형지물이나 주요 목표 및 대상물, 사격 및 화력 지원계획 지점이나 참조점 등을 기록하기 위한 것으로 해당 표적의 특징이나 명칭을 기록한다.

2) 거리

가) 사경도 작성지점으로부터 표적까지의 거리를 기록한다.

나) 거리판단 방법

야전에서 개인별 거리판단의 정확성은 훈련과 숙달정도에 따라 상이하므로 다양한 거리판단 방법을 활용하여 정확한 거리판단이 가능하도록 훈련시켜야 한다.

(1) 육안에 의한 방법

개인이 보측(걸음)이나 목측(눈)으로 숙지한 거리개념이나 주변의 전신주 간격(통상 50m), 축구장 길리(통상 100m) 등을 연상하여 판단한다.

(2) 물체 외관에 의한 방법

청명한 날씨, 평탄지역에서 판단한 물체 외관에 의한 거리 식별은 기상 및 지형조건과 전투원의 위장 상태에 따라 식별 가능거리는 유동적이다.

3) 편각

표적까지의 방위각을 측정하여 기록함으로써 화력계획 수립 등에 활용하기 위한 것으로 나침반이나 쌍안경 등을 이용하여 측정한다.

4) 사경도 작성지역

사경도를 작성한 지역 명칭을 기록한다.

5) 사경도 작성장소

사경도 작성자가 작성시 위치한 지점을 기록한다.

6) 사경도 번호

사경도를 작성한 일련번호를 기록한 것으로 첫 번째 작성한 사경도는 “1”, 두 번째는 “2”순으로 작성순서에 따라 순차적으로 번호를 기록한다.

7) 자북방향

나침반을 이용, 자북방향을 측정하여 기록한다.

8) 작성자 소속, 계급, 성명, 작성일시를 기록한다.

나. 나침반

사경도 작성지역에서 자북방향 판단 및 자북방위각을 측정한다.

다. 쌍안경

사경도 작성지역 관측과 나타내고자 하는 지형지물간의 편각을 측정한다.

라. 기타 필기도구(연필, 지우개, 눈금자, 칼 등)와 사경도 작성이 용이하도록 사경도 용지를 평평하게 지지해주는 받침판 등이 필요하다.

부록3 북한지도 판독법

1. GK 좌표체계

가. GK 좌표와 UTM 좌표체계와의 차이점

북한군이 사용하는 GK(Gauss Krasovski) 좌표체계는 UTM 좌표체계와 비슷하나 아래와 같은 차이점이 있다.

<table>
<tr><th colspan="2">구 분</th><th>GK 좌표체계</th><th>UTM 좌표체계</th></tr>
<tr><td rowspan="2">좌표 구역</td><td>횡좌표 구역 구분</td><td>경도 360°지역을 6°간격으로 60개 구역으로 구분한 후,
본초자오선(경도0°)에서부터 1에서 60까지 순차적으로 번호부여</td><td>경도 360° 지역을 6°간격으로 60개 구역으로 구분한 후, 날짜변경선(경도180°)에서부터 1에서 60까지 순차적으로 번호부여</td></tr>
<tr><td>종좌표 구역 구분</td><td>종좌표 구역을 설정하지 않고 적도를 0으로 하고 남, 북위 70°까지를 미터법으로 측정하여 거리로 표시</td><td>남위 80°에서 북위 84°지역 까지를 8°단위의 19개 구역과 12°단위의 1개 구역으로 구분
(총 20개 구역)</td></tr>
<tr><td colspan="2">10만m 평방구분</td><td>횡: 횡좌표구역 번호와 좌표구역내의 10만m 좌표선 번호로 표시 (예 224)
종: 적도로부터의 거리를 10만m단위로 표시</td><td>10만m 평방에 종, 횡으로 부여된 2개의 영문자를 사용하여 표시
(예 BH)</td></tr>
<tr><td colspan="2">좌표</td><td>• 횡(동향거리)으로는 10만m 평방의 좌단으로부터 종(북향거리)으로는 0m인 적도로부터 산정
• 좌표는 종(북향거리), 횡(동향거리) 순으로 표기 및 판독</td><td>• 10만m평방의 좌단과 하단으로부터 산정
• 좌표는 횡(동향거리), 종(북향거리) 순으로 표기 및 판독</td></tr>
</table>

[그림 3-1] GK 좌표와 UTM 좌표와의 차이

나. GK 좌표체계의 격자조직

1) 횡좌표 구역

가) GK 좌표체계에서의 횡좌표구역은 지구를 동, 서로 구분한 것으로 경도 360°인 지구의 적도를 6°의 폭을 갖는 60개의 횡좌표 구역으로 분할하여 숫자 1에서 60까지 좌표구역 번호를 부여하였다. 이는 UTM 좌표체계의 횡좌표구역 구분과 동일하다. (0°~6° : 1, 6° `12° : 2..... 126°~132° : 22... 354°~360° : 60)

나) 그러나 좌표구역 번호를 시작하는 지점이 GK좌표체계는 본초자오선(경도0°)이나 UTM 좌표체계는 날짜변경선(경도180°)인 점이 다르다. 즉 동경 180°의 좌표구역번호는 GK 좌표에서는 30이 되나 UTM 좌표에서는 0이 된다.

2) 종좌표 구역

가) UTM 좌표체계에서 종좌표구역은 남위 80°에서 북위 84°까지의 8°의 폭을 갖는 19개의 구역과 12°의 폭을 갖는 1개의 구역, 총 20개 구역으로 구분하여 영어 알파벳 문자 26개 문자 중 A, B, I, O, Y, Z의 6개 문자를 제외한 C에서 X까지 20개 문자를 부여하였다.

나) GK 좌표체계에서는 종좌표구역을 구분하되, UTM 좌표와 달리 남, 북위 70°까지 지역에 대하여 적도로부터의 미터로 직접 표시한다. (적도~10만m : 0, 10만m~20만m : 1 .... 51만m~52만m : 51 .....)

3) 10만m 평방 좌표구역

가) 상기 1), 2) 항에서 종, 횡좌표구역으로 구분한 좌표구역을 횡으로 각각의 좌표구역 중앙선에서 좌, 우로 10만m식 끊어서 구분하고, 종으로는 적도에서부터 상, 하로 10만m씩 끊어서 구분함으로써 10만m 평방의 구역으로 구분하는 것은 UTM 좌표체계와 동일하다.

나) 그러나 10만m 평방으로 구분한 구역에 대한 표시는 다르다. 즉 UTM 좌표체계는 종, 횡으로 부여한 2개의 영문자로 표시하여 구분하지만 GK 좌표체계에서는 아래와 같이 숫자를 사용하여 표시한다.

(1) 종열 표시는 적도로부터 시작하여 거리를 10만m 단위로 구분하여 숫자를 1에서부터 부여하였다.

(2) 횡열 표시는 본초자오선으로부터 시작하여 6°간격으로 구분하여 1에서 60까지 부여한 번호에 추가하여 6°구역을 10만m 단위로 나눈 후 해당구역의 10만m 좌표선 번호로 표시한다.

4) 좌표 읽고 쓰는 방법

가) GK 좌표체계에서 좌표표기 및 읽는 방법은 종좌표를 먼저 보고 위(북쪽방향)로 읽고 쓰며, 횡좌표를 나중에 보고 우(동쪽방향)로 읽고 쓴다.

나) UTM 좌표체계에서는 2개의 알파벳 문자로 된 10만M 평방 좌표구역을 먼저 표시 후 좌표 수치를 표시하지만 GK 좌표는 횡적 좌표구역 표시는 횡좌표 앞에, 종적 좌표구역 표시는 종좌표 앞에 각각 표시한다.

다) 10만m 평방 좌표구역이 UTM 좌표에서 "BH"라면 "BH ㅇㅇㅇㅇ △△△△" 이라 표기하지만, GK 좌표에서 10만m 평방 좌표구역이 32, 334라면 "32ㅇㅇㅇㅇ, 334△△△△"으로 표기한다.

라) GK 좌표에서도 UTM 좌표와 동일하게 좌표를 구성하는 수가 많을수록 좌표의 정확도가 높아지며 좌표수치 당 나타내는 넓이는 아래 표와 같다.

종 좌 표	횡 좌 표	면 적
3212340,	44215870	1m 평방
321234,	4421587	10m 평방
32123,	442158	100m 평방
3212,	44215	1,000m 평방
321,	4421	10,000m 평방
32,	442	100,000m 평방

[그림 3-2] GK 좌표 표기

마) UTM 좌표와 GK 좌표 표기 비교

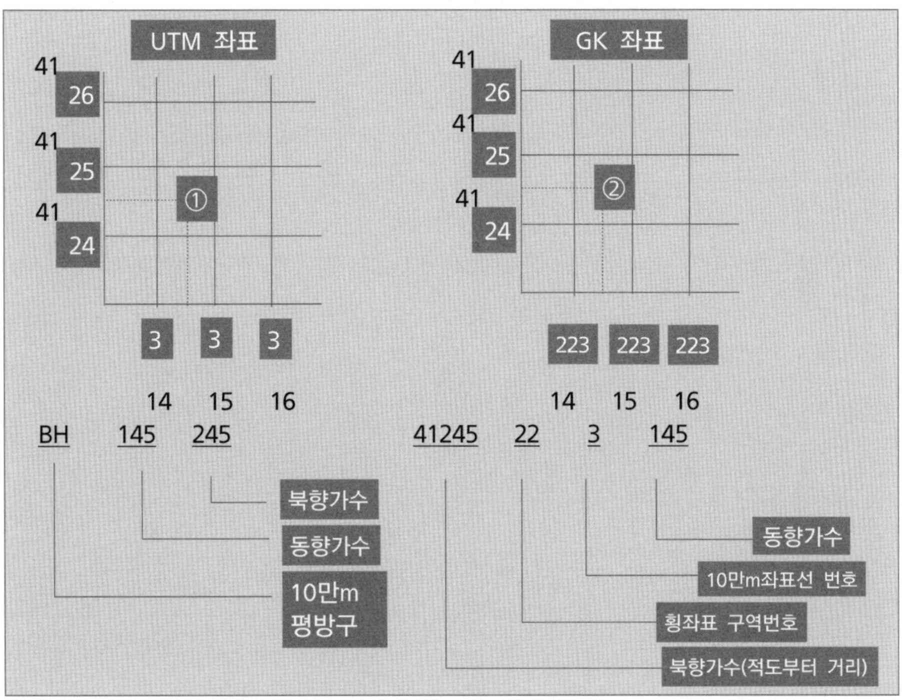

[그림 3-3] UTM 좌표와 GK 좌표 표기 비교

다. 좌표판독 비교(예)

1) 북한군 좌표를 한국군 좌표로 환산하는 방법

가) 북한군은 종좌표를 먼저 읽고 횡좌표를 나중에 읽는다. : 42301 65762

나) 북한군 좌표에서 종좌표와 횡좌표 위치를 변동시킨다.

42301 65762 → 65762 42301

다) 북한군 종좌표에서 990, 횡좌표에서 160을 뺀다.

65762	42301
- 160	990
65600	41311

라) 한국군 8계단 좌표(WGS 84 좌표값)로 판독하면 6560 4131이다.

<table>
<tr><th>북 한 군</th><th>한 국 군</th></tr>
<tr><td>• 대략 좌표 판독
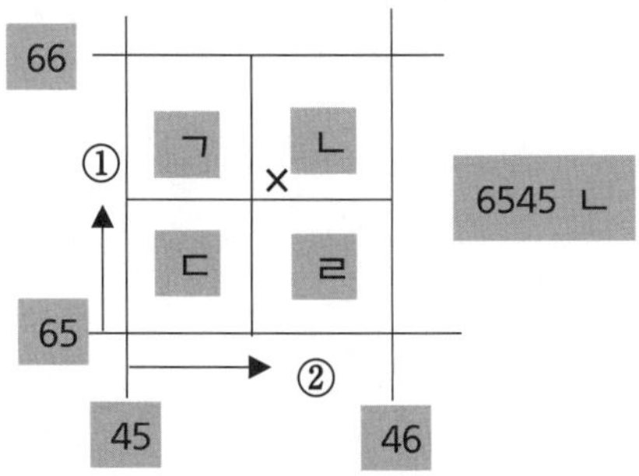
※ 격자 1칸을 대략 4등분하여 판독지점을 250m 평방 크기로 표시</td><td>• 6계단 좌표
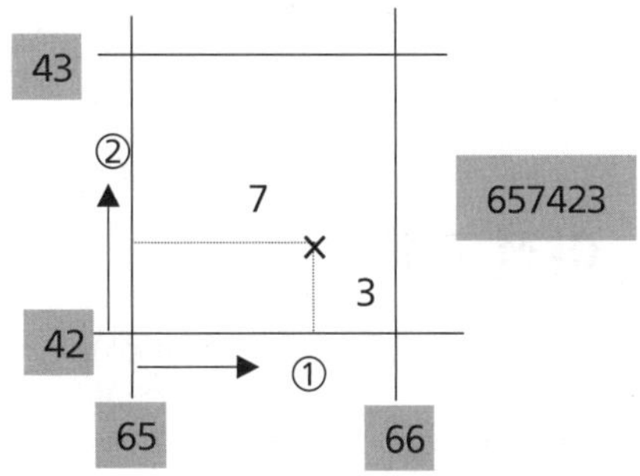
※ 격자 1칸을 대략 10등분하여 판독지점을 100m 평방 크기로 표시</td></tr>
<tr><td>• 세부 좌표 판독
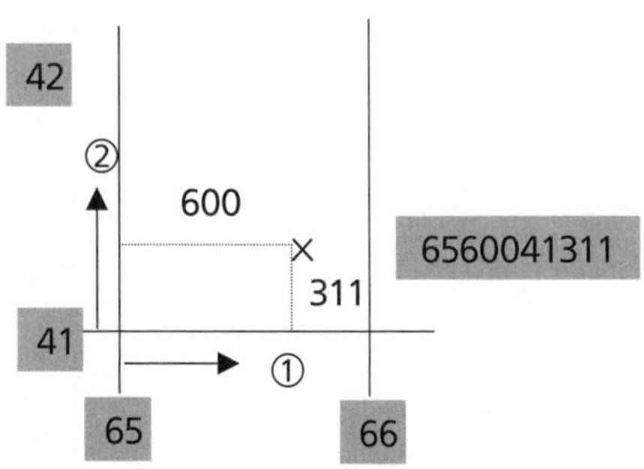
※ 격자 1칸을 대략 1000등분하여 판독지점을 1m 평방 크기로 표시</td><td>• 8계단 좌표
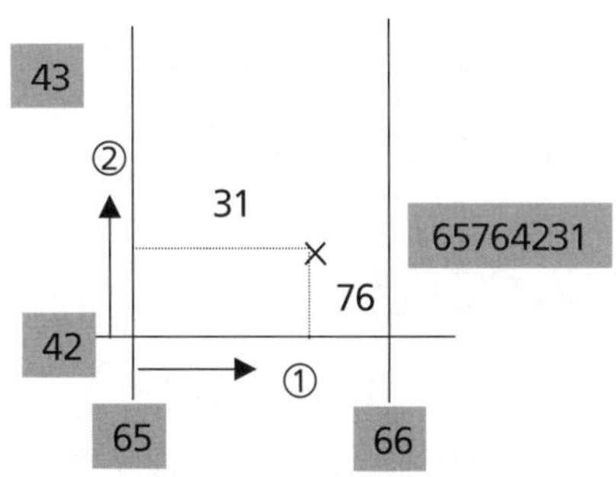
※ 격자 1칸을 대략 100등분하여 판독지점을 10m 평방 크기로 표시</td></tr>
</table>

참고문헌

1. 야전교범

- 야교 35-4 독도법 및 군대부호
- 야교 100-1 지상작전
- 야교 6-1 정 보
- 야교 100-1 지휘관 및 참모업무
- 야교 6-13 영상정보
- 야교 6-12 신호정보
- 야교 6-31 전장 정보 분석
- 야교 21-36 각개전투

2. 기술교범

- 기술교범 11-5825-201-10 휴대용 위치 식별기
- 합동교범 3-14 합동군대부호
- 교참 10-20-1 군사용어사전

3. 일반문헌

- 군대윤리(직업군인의 가치관), 2004. 국방부.
- 부사관 임관준비, 2009. 진영사.
- 직업군인론, 2009. 진영사.
- 군대윤리, 2006. 백산.
- 기타 인터넷 자료 외.

저자 약력

정재극

- 학군 28기 임관(예, 중령)
- 건국대학교 대학원 졸업(행정학 석사)
- 한남대학교 대학원 졸업(법학 박사)
- 육군본부 감찰실 감찰장교
- 수성대학교 군사학과 교수, 입학홍보처장
- (현) 연성대학교 군사학과, 경찰경호보안과 교수, 학과장

송형래

- 주성대학 학과장